国际精神分析协会《当代弗洛伊德：转折点与重要议题》系列

论弗洛伊德的《哀伤与忧郁》

On Freud's "Mourning and Melancholia"

（阿根廷）利蒂西娅·格洛瑟·菲奥里尼（Leticia Glocer Fiorini）
（法）蒂里·博卡诺夫斯基（Thierry Bokanowski）　　　　主编
（巴西）塞尔吉奥·莱克维兹（Sergio Lewkowicz）

蒋文晖　王兰兰　译

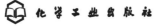

On Freud's "Mourning and Melancholia" by Leticia Glocer Fiorini, Thierry Bokanowski, Sergio Lewkowicz
ISBN 978-1-85575-744-8
Copyright © 2007, 2009 by The International Psychoanalytical Association. All rights reserved.
Authorized translation from the English language edition published by International Psychoanalytical Association.

本书中文简体字版由 The International Psychoanalytical Association 授权化学工业出版社独家出版发行。

本版本仅限在中国内地（大陆）销售，不得销往其他国家或地区。未经许可，不得以任何方式复制或抄袭本书的任何部分，违者必究。

封面未粘贴防伪标签的图书均视为未经授权的和非法的图书。

北京市版权局著作权合同登记号：01-2020-7455

图书在版编目（CIP）数据

论弗洛伊德的《哀伤与忧郁》/（阿根廷）利蒂西娅•格洛瑟•菲奥里尼，（法）蒂里•博卡诺夫斯基，（巴西）塞尔吉奥•莱克维兹主编；蒋文晖，王兰兰译.—北京：化学工业出版社，2021.6（2024.11重印）

（国际精神分析协会《当代弗洛伊德：转折点与重要议题》系列）

书名原文：On Freud's "Mourning and Melancholia"
ISBN 978-7-122-38726-4

Ⅰ.①论… Ⅱ.①利…②蒂…③塞…④蒋…⑤王… Ⅲ.①弗洛伊德（Freud，Sigmund 1856-1939)-精神分析-研究 Ⅳ.①B84-065

中国版本图书馆 CIP 数据核字（2021）第 046572 号

责任编辑：赵玉欣　王　越　　　装帧设计：关　飞
责任校对：王素芹

出版发行：化学工业出版社（北京市东城区青年湖南街 13 号　邮政编码 100011）
印　　装：北京建宏印刷有限公司
710mm×1000mm　1/16　印张 13½　字数 191 千字　2024 年 11 月北京第 1 版第 9 次印刷

购书咨询：010-64518888　　　　　　　售后服务：010-64518899
网　　址：http://www.cip.com.cn
凡购买本书，如有缺损质量问题，本社销售中心负责调换。

定　　价：59.80元　　　　　　　　　　　　　版权所有　违者必究

致 谢

我们很高兴在国际精神分析协会主席克劳迪奥·莱克斯·艾齐里克（Claudio Laks Eizirik）的支持下重启这套系列丛书的编著出版工作。

推荐序

在 2021 年开年之际，这套"国际精神分析协会《当代弗洛伊德：转折点与重要议题》系列第二辑"的中文译本即将出版，这实在是一个极好的新年礼物。

在说这套书的内容之前，我想先分享一点我个人学习精神分析理论过程中那种既困难又享受、既畏惧又被吸引的复杂和矛盾的体会。

第一点是与同行们共有的感觉：精神分析的文献和文章晦涩难懂，就如《论弗洛伊德的〈分析中的建构〉》的译者房超博士所感慨的那样：

> 在最初翻译《论弗洛伊德的〈分析中的建构〉》时，有种"题材过于宏大"的感觉，后现代的核心词汇"建构"又如何与"精神分析"联系在一起呢？整个翻译的过程，有种"上天入地"的感觉，关于哲学、历史和宗教，关于各种精神分析的专有名词，有些云山雾罩……

但也恰恰是透过精神分析内容的深奥，才能感受到其知识领域之宽广、思想之深刻、眼光之卓越，虽难懂却又让人欲罢不能。这就要求我们在阅读和学习的过程中需要怀有敬畏之心，甚至需要动用自己的全部心智和开放的心态。最终，或收获类似房超博士的体验："但最后，当将所有的一切和分析的历程，和被分析者以及分析者的内在体验联系在一起的时候，一切都又变得那么真实、清晰和有连接感。"

我想说的第二点，是精神分析文献虽然晦涩难懂，但也可以让人"回味无穷"。正如《论弗洛伊德的〈哀伤与忧郁〉》的译者蒋文晖医生所言：

弗洛伊德的《哀伤与忧郁》是如此著名，如此经典，几乎没有一个学习精神分析的人不曾读过这篇文章。就像一百个人读《哈姆雷特》就有一百个哈姆雷特一样，我相信一百个人读《哀伤与忧郁》也会有一百种感悟、体会和理解。而就算是同一个人，每次读的时候又常常会有新的理解。所以在我翻译这本书的时候，既有很大的压力，但也充满了动力，就好像要去进行一场探险一样，因为不知道这次会发生什么……

这也引出了我想说的第三点，当我们不仅是阅读，而且要去翻译精神分析文献时，那就好比是专业上的一次攀岩过程，或是一场探险，在这个过程中，译者经历的是脑力、心智、专业知识储备和语言表述能力的多重挑战。正如译者武江医生在翻译《论弗洛伊德的〈论潜意识〉》后的感言：

……拿到这本《论弗洛伊德的〈论潜意识〉》著作的翻译任务后，我的心情难免激动而忐忑。尽管经过多年的精神分析理论学习，对于弗洛伊德的《论潜意识》的基本内容已有大概了解，但随着我开始重新认真阅读这篇写于100年前的原文，我的心情却逐渐变得紧张而复杂。这篇文章既结合了客观的临床实践和观察，又充满主观上的天马行空的想象，行文风格既结构清晰和紧扣主题，又随性舒展和旁征博引。一方面我为弗洛伊德的大胆假设而拍案叫绝，另一方面又感到里面有些内容颇为晦涩难懂，需要从上下语境中反复推敲其真正含义。有时候，即使反复推敲，我还是经常碰到无法理解之处，甚至纠缠在某个晦涩的句子和字词的细节之中难以自拔，这使翻译陷入困境，进程变慢……后来我开始试着用精神分析的态度去翻译这部作品，即抱着均匀悬浮注意力，先无欲无忆地反复阅读这部作品，让自己不去特别关注某个看不懂的句子和词语，而只是全然投入到阅读过程中（倾听过程），在逐渐能了解作品的主旨和中心思想后，那些具体语句和其之间的逻辑关系就变得逐渐清晰。

第四点，阅读精神分析文献和书籍，不仅会唤起我们对来访者的思考和理解，也会唤起我们对自己及人性与社会的思考。阅读不仅有助于心理治疗与咨询的知识积累和技能提高，更能深化对生命与人性的态度的理解，这也是精神分析心理治疗师培训中所传达的内涵。在这样的语境下，心理治疗中的患者不再仅仅是一个有心理困扰及精神症状的个体，同时也是在心理创伤下饱经沧桑却尽可能有尊严地活着的、有思想的、有灵魂的血肉之躯。从这个意义上讲，心理治疗与咨询中真正的共情只能发生在直抵患者心灵深处之时，那就是当我们不仅仅作为治疗师，同时也作为一个人与患者的情感发生共振的时候。

在此，我想引用《论弗洛伊德的〈女性气质〉》的译者闪小春博士的感想：

> 翻译这本书对我而言，不仅是一份工作、一种学习，也是一场通往我的内心世界和自我身份之旅，虽然这是一本严肃的、晦涩难懂的专业书，但其中的部分章节却让我潸然泪下，也有一些部分激励我变得坚定。对我个人而言，最有挑战的部分在于，如何思考和践行"作为一个自由、独立和有欲望的人（不仅是女人）"——不仅是在我的个人生活中，也在我的临床工作中。

最后说的第五点体会是，尽管这门学科博大精深，永远都有学不完的知识，精神分析师的训练和资质获得也很不容易，但这不应该成为精神分析心理治疗师盲目骄傲或过分自恋的资本。心理治疗师的学习和实践过程也是一个在有止境与无止境之间不断探索和寻求平衡的过程。"学海无涯"不一定要"苦作舟"，也可以"趣作舟"，当然"勤为径"也是必不可少的要素。当一个人把自己的职业当作事业来做时，大概就可以认为是接近"心存高远"的境界了吧。

下面就弗洛伊德五篇文章及五本书的导论做一个读后感式的总结。

第一部：《论弗洛伊德的〈哀伤与忧郁〉》

导论作者马丁·S. 伯格曼（Martin S. Bergmann）认为，这篇文章是弗洛伊德最杰出的作品之一，他称赞道："不断地比较正常的和病理性的事物是弗洛伊德的伟大天赋之一，这种天赋也在很大程度上使'弗洛伊德'成为二十世纪不朽的名字之一。"我对弗洛伊德这篇文章中印象最深刻的一句话是："在哀伤中，世界变得贫瘠和空洞（poor and empty）；在忧郁中，自我本身变得贫瘠和空洞。"想到 100 多年前弗洛伊德就对抑郁有了如此深入的解读，就再一次感到这位巨匠的了不起。导论作者对本书的每一章都做了总结，归纳如下三点：

一是将对弗洛伊德思想持不同观点的分析师们划分为异议派、修正派及扩展派。这部论文集的作者来自七个国家，他/她们多数受修正派克莱茵的影响（但导论作者又认为最好把她看作扩展者）。他强调，"享受阅读本书的先决条件是对当前IPA内部观点的多样性持积极的态度"。

二是谈及《哀伤与忧郁》，就必然要涉及弗洛伊德另外一篇著名的文章《论自恋》，前者是对后者的延伸，被看作是弗洛伊德从所谓的驱力理论到客体关系理论的立场转变。

三是哀伤的能力是我们所有人都必须具备的一种能力。进一步而言，"哀伤过程有两个主要目的，一是为了修通爱的客体的丧失，二是为了摆脱一个内在的、迫害性的、自我毁灭性的客体，这个客体反对快乐和生命"。

第二部：《论弗洛伊德的〈论潜意识〉》

导论作者萨尔曼·艾克塔（Salman Akhtar）认为，弗洛伊德的《论潜意识》这篇文章涵盖了"个体发生、临床观察、语言学、神经生理学、空间隐喻、通过原初幻想来显示的种系发生图式、思维的本质、潜在的情感"等非常广阔的领域，并且与他的另外四篇文章（指《本能及其变迁》《压抑》《关于梦理论的一个元心理学补充》《哀伤与忧郁》）一起，做到了弗洛伊德自己希望达成的"阐明和深化精神分析的系统"。

导论作者从弗洛伊德的这篇文章中提炼出了12个命题，"以说明它们是如何被推崇、被修饰、被废弃，或被忽视的"。他在导论的结束语中对本书做了简短的概括和总结，并给予了高度评价。对于这本书的介绍，我想不出还有比直接推荐读者先看艾克塔博士的导论更为合适的选择，特别是他做出的12个命题的归纳和总结，我认为是精华中的精华。相信读者在阅读这本书时会首先被他的导论吸引，因为导论本身已经可以被视为一篇独立的、富有真知灼见的文章了。

我个人特别喜欢弗洛伊德对潜意识做出的非常生动的比喻："潜意识的内容可比作心灵中的土著居民。如果人类心灵中存在着遗传而来的心灵内容——类似于动物本能——那它们构成了Ucs.的核心。"

第三部：《论弗洛伊德的〈可终结与不可终结的分析〉》

这篇文章写自弗洛伊德的晚年（发表于1937年），也是相对不那么晦涩难懂的一篇文章。"可终结与不可终结的分析"这样的命题本身就让人联想到永恒与无限的话题，同时也自然而然地想到我们自己接受精神分析时的体验以及我们的来访者。导论作者认为"这篇阐述具体治疗技术的论文实质上是一篇高度元心理学的论文",这让我联想到关于精神分析师的工作态度的议题。读了弗洛伊德的原文和三位作者写的导论,并参考译者林瑶博士的总结之后,归纳以下几点:

(1)精神分析对以创伤为主导的个案能够发挥有效的疗愈作用,而阻碍精神分析治疗的因素是本能的先天性强度、创伤的严重性,以及自我被扭曲和抑制的程度。也就是说,这三个因素决定了精神分析的疗效。

(2)精神分析治疗起效需要足够的时间。弗洛伊德列举了两个他自己20年前和30年前的案例来说明这个观点,他指出:"如果我们希望让分析治疗能达到这些严苛的要求,缩短分析时长将不会是我们要选择的道路。"

(3)精神分析的疗效不仅与患者的自我有关,还取决于精神分析师的个性。弗洛伊德提出,由于精神分析工作的特殊性,"作为分析师资格的一部分,期望分析师具有很高的心理正常度和正确性是合理的"。虽然他提出的分析师都应该每五年做一次自我分析的建议恐怕没有多少人能做到,但精神分析师需要遵从的工作原则就如弗洛伊德所说:"我们绝不能忘记,分析关系是建立在对真理的热爱(对现实的认识)的基础之上的,它拒绝任何形式的虚假或欺骗。"导论作者认为,弗洛伊德在这篇文章中对精神分析中不可逾越的障碍提出了清晰的见解,"这些障碍并非出于技术的限制,而是出于人性"。

第四部:《论弗洛伊德的〈女性气质〉》

我在通读了一遍闪小春博士翻译的弗洛伊德的《女性气质》及导论之后,有一种感触颇多却无从写起的感觉。当我看了导论中总结的弗洛伊德文章中提出的富有广泛争议的几个议题后,便自然地推测这本书应该是集结了精神分析领域关于女性气质研究的最广泛和最深刻的洞见与观点。导论的作者之一利蒂西娅·格洛瑟·菲奥里尼(Leticia G. Fiorini)是IPA系列出版丛书的主编,她在《解构女性:精神分析、性别和复杂性理论》(*Deconstructing the Feminine*:*Psychoanalysis*,*Gender and Theories of Complexity*)一书中,有一段这样的描述:"人们所属的性别是由母亲的凝视和她们所提供的镜像认同支撑的,而这些则为人们提供了一种有关女性认同或男性认同的核心想象。"

关于女性气质的论述让我自然地联想到中国文化中男尊女卑的观念对中国女性身份认同的影响，我想这远比弗洛伊德提出的女性的"阴茎嫉羡"要严重得多。虽然如今中国女性已经获得了更高的家庭和社会地位及话语权，但在我们的心理治疗案例中，受男尊女卑观念伤害的中国女性来访者仍然比比皆是。我想译者闪小春博士对本书作者观点所作的总结也应该是中国女性的希望所在："女孩三角情境的终极心理现实不是阴茎嫉羡而是忠诚和关系的平衡问题……在女性气质和男性气质形成之前的生命之初，有一个非性和无性的维度，即人性的维度……当今，女人不再被视为仅仅是知识和欲望的客体，是'另一性别'，是'他者'；她也可以成为自己，可以超越二分法的限制，从一个自由的位置出发，根据自己的需要创造性地选择爱情、工作、娱乐、家庭和是否成为母亲。"

第五部：《论弗洛伊德的〈分析中的建构〉》

这篇文章也是弗洛伊德的晚年之作，是对精神分析治疗本质的一个定性和论述，大家所熟知的弗洛伊德将精神分析的治疗过程比喻为考古学家的工作就是出自这篇文章。但在这篇文章中，他也强调了精神分析不同于考古学家的工作：①我们在分析中经常遇到的重现情形，在考古工作中却是极其罕见的……建构仅仅取决于我们能否用分析技术把隐藏的东西带到光明的地方；②对于考古学家来说，重建是他竭尽努力的目标和结果，然而对于分析师来说，建构仅仅是工作的开始。接着，他又借用了盖房子的比喻，指出虽然建构是一项初步的工作，但并不像是盖房子那样必须先有门窗，再有室内的装饰。在精神分析的情景里，有两种方式交替进行，即分析师完成一个建构后会传递给被分析者，以便引发被分析者源源不断的新材料，然后分析师以相同的方式做更深的建构。这种循环以交替的方式不断进行，直到分析结束。

在文章的最后，弗洛伊德将妄想与精神分析的建构做了类比，"我还是无法抗拒类比的诱惑。病人的妄想于我而言，就等同于分析治疗过程中所做的建构……我们的建构之所以有效，是因为它恢复了被丢失的经验的片段；妄想之所以有令人信服的力量，也要归功于它在被否定的现实中加入了历史的真相"。

这本书导论的作者乔治·卡内斯特里（Jorge Canestri）也是一位多次来

我国做学术交流和培训的资深精神分析师。他对本书的每一个章节都做了精练的概括和总结，给读者提供了很好的阅读索引。

这套书中文译版初稿完成恰逢 IPA 在中国大陆的分支学术组织——IPA 中国学组（IPA Study Group of China）被批准成立之时（2020 年 12 月 30 日 IPA 网站发布官宣）。从 2007 年 IPA 中国联盟中心（IPA China Allied Center）成立，到 2008 年秋季第一批 IPA 候选人培训开始，再到 2010 年 IPA 首届亚洲大会在北京召开、中国心理卫生协会旗下的精神分析专委会成立，我们感受到两代精神分析人的不懈努力。非常感谢 IPA 中国委员会（IPA China Committee）和 IPA 新团体委员会（International New Group Committee）对中国精神分析发展的长期支持，以及国内精神分析领域同道们的共同努力。

当然，能使这套书问世的直接贡献者是八位译者和出版社，除了我上面提及的房超、蒋文晖、武江、闪小春、林瑶外，译者还有杨琴、王兰兰和丁瑞佳，他/她们都是正在接受培训的 IPA 会员候选人，也是中国精神分析事业发展的中坚力量。我在撰写这篇序言前，邀请每本书的译者写了简短的翻译有感，然后节选了其中的精华编辑在了序言的前半部分。

在将要结束这篇序言时，我意识到去年此时正是新冠肺炎疫情最严峻的日子，心中不免涌起一阵悲壮和感慨。我们生活在一个瞬息万变的时代，人类在大自然中的生存和发展早有定律，唯有保持对大自然的敬畏之心和努力善待我们周围的人与环境才是本真，而达成这一愿望的路径之一就是用我们的所学所用去帮助那些需要帮助的人们。相信这套书会为学习和实践精神分析心理治疗的同道们带来对人性、对精神分析理论与技术的新视角和新启发，从而惠及我们的来访者。

杨蕴萍，2021 年 1 月 23 日于海南
首都医科大学附属北京安定医院主任医师、教授
国际精神分析协会（IPA）认证精神分析师
IPA 中国学组（IPA Study Group of China）成员

国际精神分析协会出版委员会第二辑[1]
出版说明

国际精神分析协会出版物委员会（The Publications Committee of the International Psychoanalytical Association）已决定继续编辑和出版《当代弗洛伊德：转折点与重要议题》（*Contemporary Freud*）系列丛书，该丛书第一辑完结于 2001 年。这套重要的系列丛书由罗伯特·沃勒斯坦（Robert Wallerstein）创立，由约瑟夫·桑德勒（Joseph Sandler）、埃塞尔·S. 珀森（Ethel Spector Person）和彼得·冯纳吉（Peter Fonagy）首次编辑，它的重要贡献引起了各流派精神分析师的极大兴趣。因此，在重启《当代弗洛伊德：转折点与重要议题》系列之际，我们非常高兴地邀请埃塞尔·S. 珀森为丛书第二辑作序。

本系列丛书的目的是要从现在和当代的视角来探讨弗洛伊德的作品。一方面，这意味着突出其作品的重要贡献——它们构成了精神分析理论和实践的坐标轴；另一方面，这也意味着我们有机会去认识和传播当代精神分析师对弗洛伊德作品的看法，这些看法既有对它们的认同，也有批判和反驳。

本系列至少考虑了两条发展路线：一是对弗洛伊德著作的当代解读，重新回顾他的贡献；二是从当代的解读中澄清其作品中的逻辑观点和理论

---

[1] 《当代弗洛伊德：转折点与重要议题》（第二辑）简称"第二辑"。——编者注

视角。

弗洛伊德的理论已经发展出很多分支,这带来了理论、技术和临床工作的多元化,这些方面都需要更多的讨论和研究。为了在日益繁杂的理论体系中兼顾趋同和异化的观点,有必要避免一种"舒适和谐"的状态,即不加批判地允许各种不同的理念混杂在一起。

因此,这项工作涉及一项额外的任务——邀请来自不同地区的精神分析师,从不同的理论立场出发,使其能够充分表达他们的各种观点。这也意味着读者要付出额外的努力去识别和区分不同理论概念之间的关系,甚或是矛盾之处,这也是每位读者需要完成的功课。马丁·伯格曼(Martin Bergmann)的导论使这项工作更有深度。

能够聆听不同的理论观点,也是我们锻炼临床工作中倾听能力的一种方式。这意味着,在倾听中应该营造一个开放的自由空间,这个空间能够让我们听到新的和原创性的东西。

我们选择以《哀伤与忧郁》(*Mourning and Melancholia*)来重新开始这个系列的原因如下:

1. 哀伤(mourning)的过程及其与忧郁(melancholia)的不同之处(无论是否是实质性的)都是每个人生活的一部分,是他/她经历人生重要阶段的方式,也是其经历真实的或想象中的分离和丧失的一部分。

2. 创伤性社会事件和政治事件在二十世纪和二十一世纪初之间划分出浓重的界线。社会灾难、战争、种族灭绝、国家暴力、恐怖主义等现象,影响了大群体并导致社会联结的破裂,也导致对与之相关的集体哀伤过程的本质反思。以此为前提,可以辨别出弗洛伊德有关这个主题的哪些贡献可以被扩大和深化。

3. 这篇著作被认为是客体关系理论(object relation theories)的基础和主体间性(intersubjectivity)精神分析的出发点。

在这本书中,有两个主题贯穿始终:心理和社会现实之间的关系,以及与他人的关系,它们在个体哀伤和集体哀伤中都很明显。

在这种精神的引领下,我们把深深扎根于传统弗洛伊德学说的作者和将弗洛伊德作品中没有被明确考虑的理论进行拓展的作者聚集在一起。这本书包含了哀伤的元心理学以及它在一些主题中的创造性成果：与社会灾难相关的哀伤，以及与未解决的、有问题的基本关系相关的个体哀伤；青少年的哀伤；还有一篇有关《哀伤与忧郁》的教学建议。

用这样的方式，我们的目的是超越唯一的、统一的思路，以保持差异，并让每个读者都可以创造性地处理这些差异。

利蒂西娅·格洛瑟·菲奥里尼❶（Leticia Glocer Fiorini）
丛书编辑

---

❶ 利蒂西娅·格洛瑟·菲奥里尼是阿根廷精神分析协会的培训分析师。她是现任国际精神分析协会出版物委员会主席和阿根廷精神分析协会出版物委员会（Publications Committee of the Argentine Psychoanalytic Association）主席，曾任《精神分析期刊》（*Revista de Psicoanálisis*）编辑委员会成员（1998~2002，于布宜诺斯艾利斯）。她的论文《女性地位：异质结构》（*The feminine position：A heterogeneous construction*）获得了塞莱斯·卡卡莫奖（Celes Carcamo Prize，APA，1993）。她是《女性与复杂思想》（*The Feminine and the Complex Thought*）的作者，也是《主体间性领域的他人与时间、历史与结构：一种精神分析的方法》（*The Other in the Intersubjective Field and Time，History and Structure：A Psychoanalytical Approach*）的编辑。她在精神分析期刊上还有其他论文，她发表在一些论文集中的文章包括：《心理健康预防》（*Prevention in Mental Health*）中的《辅助授精、新问题》（*Assisted Fertilization，New Problems*）、《男性化的场景》（*Masculine Scenarios*）中的《被性别化的身体与真实：变性中的意义》（*The Sexed Body and the Real：Its Meaning in Transsexualism*）、《精神分析与性别关系》（*Psychoanalysis and Gender Relations*）中的《精神分析与性别、趋同与分歧》（*Psychoanalysis and Gender，Convergences and Divergences*），以及《二十一世纪的母性身份》（*Motherhood in the Twenty-first Century*）中的《当今母性的身体》（*The Bodies of Present-Day Maternity*）。

序

得知 IPA《当代弗洛伊德：转折点与重要议题》系列正在重启，我感到非常高兴。丛书第一辑是在罗伯特·沃勒斯坦的建议下诞生的，他成立了由约瑟夫·桑德勒担任主席的 IPA 出版物委员会。沃勒斯坦敏锐地感知到精神分析世界在某种程度上是杂乱的，部分是由于语言的差异，但也在于理论的发展，他认为可以通过这套书来传播独立出现在欧洲、拉丁美洲和北美洲三个地域中的新见解和新想法。正是通过约瑟夫·桑德勒的组织，沃勒斯坦的想法才得以实现；也正是通过沃勒斯坦博士和桑德勒博士的共同努力，《当代弗洛伊德：转折点与重要议题》才得以问世。

我很高兴能与约瑟夫·桑德勒和彼得·冯纳吉共同推出丛书第二辑。这套书的初衷和核心思想是提供一种媒介，通过这种媒介，欧洲、拉丁美洲和北美洲的精神分析师能够进行知识交流，三个地域（甚至同一个地域内）的不同思想和重要观点可以在更广阔的精神分析世界中得到传播和研讨。

我相信这个系列确实履行了其使命，即突出出现在三个地域中的不同观点，从而让我们从不同的分析性视角更清楚、更深入地理解重要的思想及其中的一致和分歧。这个项目成功地把不同的团体聚集在一起，并在不同的地域传播重要的见解和发现。

就我个人而言，我很幸运地与来自拉丁美洲和欧洲的同仁建立了长久的友谊，这让我感到充实。我很高兴这个已经暂停很长时间的丛书项目现在又重启了。不论如何，暂停通常会提供给我们时间去成长，让我们重新思考优先事项。我确信这个系列的重启将被证明是极具创造性的工作。

这个重启系列的第一卷以美国最著名的精神分析师之一马丁·伯格曼的导论为开篇，而这个系列本身又以《哀伤与忧郁》为开篇，这都是很好的开始。忧郁和哀伤都是由同一件事——丧失触发的，通常所做的区分是，哀伤发生在所爱之人去世后，而在忧郁的界定中，并不限定为不可挽回地失去了所爱的客体。忧郁与丧失有关，而这种丧失有时是可以被挽回的。在过去的很长一段时间里，IPA都"丧失"了这套弗洛伊德的系列丛书，我们中的一些人在失去这个系列的连续性时可能感到"哀伤与忧郁"，因此，这个主题似乎是一份解药，是对这个系列重启的一个恰当的引言，对我们所有区域间正在进行的交流来说都是一个好兆头，而每个区域都有其特定的（有时也是独特的）贡献。

埃塞尔·S. 珀森❶（Ethel Spector Person）

---

❶ 埃塞尔·S. 珀森是哥伦比亚大学（Columbia University）内科和外科学院（College of Physicians and Surgeons）的临床精神病学教授，也是哥伦比亚大学精神分析培训与研究中心（Center for Psychoanalytical Training and Research）的培训与督导分析师。1981年至1991年，她担任该中心的主任。她的著作包括《感受坚强：真正力量的实现》（*Feeling Strong: The Achievement of Authentic Power*）《性的世纪：关于性与性别的若干论文》（*The Sexual Century: Selected Papers on Sex and Gender*）《通过幻想的力量：我们如何生活》（*By Force of Fantasy: How We Make Our Lives*）《爱的梦想和命定的邂逅：浪漫爱情的力量》（*Dreams of Love and Fateful Encounters: The Power of Romantic Love*）。她与凯瑟琳·斯廷普森（Catherine Stimpson）共同编辑了《女人：性别与性》（*Women: Sex and Sexuality*），并获得芝加哥妇女出版社颁发的教育领域杰出奖。她与阿诺德·库珀（Arnold Cooper）和奥托·克恩伯格（Otto Kernberg）共同编辑了《精神分析：第二世纪》（*Psychoanalysis: The Second Century*），与阿诺德·库珀和格伦·加伯德（Glen Gabbard）一起编辑了《精神分析教科书》（*Textbook of Psychoanalysis*）。她一直活跃于美国精神分析协会（American Psychoanalytic Association），她既是该协会专业标准委员会的成员，也是当选的执行委员会委员。1995年至1999年，她曾任国际精神分析协会副主席。此外，她还获得了美国精神分析医师学会（American Society of Psychoanalytic Physicians）颁发的西格蒙德·弗洛伊德奖，因其在女性心理学方面的工作而获得美国心理学协会第39部门颁发的第三部分赞誉奖（Section Ⅲ Recognition Award），并于2000年荣获IPA卓越及功勋服务奖（Award for Distinguished and Meritorious Service）。2003年，她被美国精神分析协会评为国家女性精神分析学者（National Woman Psychoanalytic Scholar）。她正在撰写一本书，名为《啊，我记得很清楚：记忆是我们自我认同的基石》（*Ah, I Remember It Well: Memories as the Building Blocks of Our Self-Identity*）。

前 言

我们很荣幸地推出这本新书，重新开启《当代弗洛伊德：转折点与重要议题》系列丛书的编著出版工作，并基于讨论和最新进展，使西格蒙德·弗洛伊德的开创性著作更适应于当下的时代。

我们选择《哀伤与忧郁》（Freud, 1917[1915]）作为丛书第二辑的开篇，因为它是理解人类哀伤和抑郁过程的正常方面和精神病理方面的一个里程碑，它也是标志着客体关系理论开始重视客体起源的一个转折点。

《哀伤与忧郁》是弗洛伊德学说的一个转折点。在这部作品中，他介绍了精神结构的第一和第二地形学理论之间的桥梁，解释了自我的关键实体，联系并辨明了由于客体丧失而产生的认同，修通了真实和想象之间的关系。这是一篇复杂的论文，它派生出多个论题。

作为这本书的编辑，我们的第一个任务是识别出可以从《哀伤与忧郁》中发展出来的主题。经过长时间富有成果的讨论，我们确定了九个主题，即本书的九篇论文。下一步是寻找对我们所选主题研究最深入、发表论文最多的作者，在这方面，我们还考虑到地区和学会的平衡。

我们选择不同的观点，邀请学者们进行充分的辩论，以便将所提出的想法付诸实践。通过这本书的导论和各篇论文，可以很明显地看到弗洛伊德的文章是如何启发灵感，并且激发新的见解。

作为这本书的编者,我们的目标是超越绪论式的、权威式的论断,以聚焦于这个主题的发展和各种观点,恢复弗洛伊德学说的巨大丰富性。

最后,我们还要感谢出版物委员会对我们提出的建议以及在这个项目中参与合作的所有人。

利蒂西娅·格洛瑟·菲奥里尼(Leticia Glocer Fiorini)

蒂里·博卡诺夫斯基❶(Thierry Bokanowski)

塞尔吉奥·莱克维兹❷(Sergio Lewkowicz)

---

❶ 蒂里·博卡诺夫斯基是巴黎精神分析学会(Paris Psychoanalytical Society, SPP)的培训和督导分析师,也是国际精神分析协会的成员,曾任巴黎精神分析研究所(Paris Psychoanalytical Institute)执行委员会秘书,曾是《法兰西精神分析评论》(Revue Française de Psychanalyse)的编辑,现任巴黎精神分析学会科学委员会(Scientific Committee of the Paris Psychoanalytical Society)主席。他的论文发表在各种精神分析期刊上,包括《国际精神分析杂志》(International Journal of Psychoanalysis)。他的著作包括《桑德尔·费伦茨》(Sandor Ferenczi)和《分析实践》[De la pratique analytique, 英文版书名为《精神分析实践》(The Practice of Psychoanalysis)]。

❷ 塞尔吉奥·莱克维兹是阿雷格里港精神分析学会(Porto Alegre Psychoanalytical Society)的科学主任,阿雷格里港精神分析学会的精神病学家、培训和督导分析师,南巴西联邦大学医学院(Medical School of the Federal University of Rio Grande do Sul)精神病学系精神分析心理治疗学教授和督导师,IPA出版物委员会成员,是举办于新奥尔良的第43届IPA大会规划委员会(2004年)成员,南巴西大州精神病学会(Society of Psychiatry of Rio Grande do Sul)前主席,《南巴西大州精神病学杂志》(Psychiatry Journal of Rio Grande do Sul)前编辑。他发表的论文与精神分析技术有关,他是《真相、现实和精神分析师》(Truth, Reality and the Psychoanalyst)的联合编辑,是《精神分析与性:致敬性学三论发表100周年》(Psychoanalysis and Sexuality: Tribute to the 100th Anniversary of the Three Essays on Sexual Theory)的编辑。

目 录

001 **导论**
马丁·S. 伯格曼（Martin S. Bergmann）

017 **第一部分　《哀伤与忧郁》**（1917e [1915]）

西格蒙德·弗洛伊德（Sigmund Freud）

033 **第二部分　对《哀伤与忧郁》的讨论**

035 忧郁、哀伤和反移情
普丽西拉·罗思（Priscilla Roth）

053 为"失踪的"人哀伤
玛丽亚·露西拉·佩兰托（María Lucila Pelento）

067 分析师、他的"哀伤与忧郁"、分析性技术及活现
罗斯福·M. S. 卡索拉（Roosevelt M. S. Cassorla）

085 不放手：从个体长期哀伤者到权利意识形态的社会
瓦米克·D. 沃尔坎（Vamik D. Volkan）

100 哀伤和创造力
玛丽亚·克里斯蒂娜·梅尔加（María Cristina Melgar）

| 112 | 客体关系理论起源新解读
托马斯·H. 奥格登（Thomas H. Ogden）

| 132 | 哀伤和精神发展
弗洛伦斯·吉尼亚尔（Florence Guignard）

| 148 | 《哀伤与忧郁》：弗洛伊德的元心理学更新
卡洛斯·马里奥·阿斯兰（Carlos Mario Aslan）

| 165 | 教授弗洛伊德的《哀伤与忧郁》
琼·米歇尔·奎诺多兹（Jean-Michel Quinodoz）

| 177 | **参考文献**

| 189 | **专业名词英中文对照表**

导 论

马丁·S. 伯格曼[1]（Martin S. Bergmann）

---

[1] 马丁·S. 伯格曼是纽约大学精神分析和心理治疗博士后项目的临床心理学教授。他是美国精神分析协会的荣誉会员，也是纽约弗洛伊德学会（New York Freud Society）的培训和督导分析师。他曾获得西格尼奖（Sigourney Award）和精神分析教育奖（Award of Psychoanalytic Education）。他的著作包括：《理解精神分析史上的异议与争论》（*Understanding Dissidence and Controversy in the History of Psychoanalysis*）《哈特曼时代》（*The Hartmann Era*）《在莫洛奇的阴影下》（*In the Shadow of Moloch*）《爱的剖析》（*The Anatomy of Loving*）《大屠杀的几代人》（*Generations of the Holocaust*）以及《精神分析技术的演变》（*The Evolution of Psychoanalytic Technique*）。

在我的书架上，有六本由国际精神分析协会出版的专题论文集，涉及六篇弗洛伊德的重要论文。现在我荣幸地介绍第七本。弗洛伊德的《哀伤与忧郁》（Freud，1917e [1915]）一直被认为是他最杰出的作品之一。它思路清晰，推理充分，读起来很有乐趣。但正如这本专题论文集将证明的那样，它已经引起了有重大意义的争论。

在我介绍这本专题论文集之前，有必要对整个系列作一些介绍。这套丛书虽然非常有趣，但读起来并不容易，而我即将介绍的这本论文集也可能是这样的。我们将弗洛伊德的一篇重要论文分配给各种各样的分析师，并要求他们每个人发表评论。结果很有趣，但读者要承担比较重的负担。这个困难可能正如圣经中描述的那样——巴别塔（Tower of Babel）诅咒降临在我们身上：我们的语言变得如此混乱，以至于我们不再能容易地交流；但也有可能，这些专题论文集尝试完成的本就是一项项复杂的任务：

1. 解释和说明弗洛伊德想要表达的含义；
2. 弄清弗洛伊德的思想在后来的发展中发生了什么；
3. 提出对弗洛伊德思想的异议和修正。

要很好地达成这三个目标并不是一件容易的事，如果没有把这三个目标明确分开则尤其如此。

在"批评"了这些专题论文集之后，我还想说点赞扬的话。对于初学者来说，它们虽然提出了很高的要求，但非常适合用于与引导者在研讨会中进行讨论，尤其是在讨论弗洛伊德的论文时，我们鼓励学生（初学者）带入自己的临床材料，从而能以新的方式去理解它们——这些材料常常能出乎意料地阐明弗洛伊德的原始论文。

这本专题论文集和其他论文集一样，以弗洛伊德的论文为中心，作者们从这个中心向不同方向辐射。引人注目的是论文的多样性。这本专题论文集包括来自七个国家的论文作者所写的十篇论文，享受阅读本书的先决条件是对当前IPA内部观点的多样性持积极的态度。对精神分析师来说，这种对多样性的愉悦感并不是理所当然的。在这方面，弗洛伊德的例子并不令人鼓舞：他倾向于将至少某些类型的分歧等同于对他所做的痛苦发现的阻抗，以及对他注定要发现的困难事实的逃避（Bergmann，2004）。在我之前出版的论文中（Bergmann，1993，1997），我试图通过将精神分析师分为三类来应对这种多样性：异议派［阿德勒（Adler）、荣格（Jung）、兰克（Rank）］、修正派［克莱因（Klein）、哈特曼（Hartmann）、科胡特（Kohut）、温尼科特（Winnicott）］，以及扩展派［南伯格（Nunberg）、费尼切尔（Fenichel）、魏昂德（Walder）］。异议派离开了或被驱逐了；修正派主张或暗指弗洛伊德作品中的重要内容仍然是不完整的，且必须增加一些新的东西；而扩展派则扩展了弗洛伊德的发现，在弗洛伊德的探索的基础上更进一步。这种划分不是无懈可击的，但在我看来，当我们试图去弄懂我们理解精神分析历史的方式时，它是很重要的。在这类专题论文集中，人们不会期望找到异议派或修正派，但沃尔坎（Volkan）提出的"永远的哀伤者"的观点是对弗洛伊德观点的修正，因为对弗洛伊德来说，"哀伤是可以终止的"这个事实是其思想的核心。

有两种看待《哀伤与忧郁》的方式：一种是作为弗洛伊德的论文《论自恋：一篇导论》（1914c）的延伸，另一种是作为弗洛伊德将精神分析转变为客体关系理论的论文。这不是两种相互矛盾的观点，而是从不同的角度来看待论文的意义。说来也巧，这本专题论文集的大部分作者都是在梅兰妮·克莱因（Melanie Klein）的影响下写作的，他们倾向于把《哀伤与忧郁》看作是弗洛伊德从所谓的驱力理论到客体关系理论的立场转变。正如奥格登（Ogden）的一段话（第六篇）：

我审视了弗洛伊德如何将对（哀伤和忧郁）这两种心理状态的看似聚焦的探索，作为一种工具，既含蓄又明确地介绍了其潜意识内在客体关系理论的基础。

奎诺多兹（Quinodoz）支持奥格登（Ogden）的观点，他写道：克莱因及其追随者的观点"植根于"弗洛伊德的《哀伤与忧郁》。

有历史意义的是，在梅兰妮·克莱因1940年的论文《哀伤及其与躁狂性抑郁状态的关系》(Mourning and Its Relation to Manic Depressive States)中，她并没有将她的客体关系观点与弗洛伊德的论文联系起来。但是在随后的发展中，当克莱因和她的追随者被安娜·弗洛伊德及其追随者威胁驱逐出IPA时（King & Steiner，1991），对克莱因学派来说，重要的是必须证明，克莱因即使不是安娜·弗洛伊德派的信徒，也是忠实的弗洛伊德学派信徒。正是在这种"政治"背景下，强调这一点变得很重要，那就是弗洛伊德本人在《哀伤与忧郁》中向克莱因学派的观点迈出了重要的一步。在我看来，梅兰妮·克莱因是弗洛伊德思想最重要的修正者，她比弗洛伊德更深入地发展了弗洛伊德的双重本能理论，但当争论爆发时，最好还是把她看作是弗洛伊德最新理论的扩展者。维系弗洛伊德和克莱因之间连续性的一个最受欢迎的方法就是强调她的观点隐含在弗洛伊德的思想中。

"内隐"（implicit）的概念意味着我们可以通过后来的观点进行回溯——它具有强大的情绪感召力，使克莱因更接近弗洛伊德，但也妨碍了对弗洛伊德的模型——无论是他的地形学模型还是他的结构模型——的理解。我相信，如果把克莱因的内在客体关系模型与弗洛伊德的地形学或结构模型区别开来，我们将对精神分析的历史有更清晰的认识。

有一种观点认为《哀伤与忧郁》是弗洛伊德转向客体关系的开始，反对这种观点的最有力的论据是，弗洛伊德后来的论文都不支持这种转向。在弗洛伊德看来，《哀伤与忧郁》中对客体关系的强调仅仅限于成功的和不成功的哀伤过程。

在《再论哀伤与忧郁》(Mourning and Melancholia Revisited)中，与本专题论文集其他作者通常只把梅兰妮·克莱因的作品补充到弗洛伊德的作品中不同，科恩伯格（Kernberg，2004）从《哀伤与忧郁》中提取出大量关于抑郁的文献，包括比布林（Bibring，1953）和雅各布森（Jacobson，1971）广为人知的著作。

在弗洛伊德写《论自恋》和《哀伤与忧郁》之间，他写了一篇简短而迷人的散文《论稍纵即逝》(On Transience)（Freud，1916a），其中提到他与著名诗人雷纳·玛丽亚·里尔克（Rainer Maria Rilke）一起散步[因为有理论认为《论稍纵即逝》中的无名诗人是里尔克（Lehmann，1966）]。里尔克对白云石山脉的美景不感兴趣，因为"所有这些美景都注定要消失"。这让弗洛伊德意识到一个重要的事实，即稍纵即逝是美的享受的必要条件，因此哀伤的能力是我们所有人都必须具备的重要能力。然后他得出了对《哀伤与忧郁》来说极其重要的结论：里尔克的精神正在违抗哀伤。在那篇散文中，弗洛伊德写道："我们只看到力比多（libido）黏附于它的客体，而且不会放弃那些已经失去的东西，即使替代物就在手边——这就是哀伤。"（p306～307）在《哀伤与忧郁》中，他又将这句话重述了一遍。希腊神话和《圣经》都认为，因为人终有一死，所以凡人不如诸神；在这篇散文中，弗洛伊德颠覆了这一观念，他断言，我们的必死性使我们有可能珍视美。

弗洛伊德的思维方式中，有一个方面值得我们注意。在思想的世界里，任何事物都可以和其他事物相比较，某些比较是非常富有成效的，而另一些则不然［就像我的老师罗伯特·瓦尔德（Robert Wälder）曾经说过的那样，"你可以在任何地方挖掘，但你不可能总是找到石油"］。哀伤和忧郁之间的比较被证明是极其富有成效的。弗洛伊德还使用过其他被证明是富有成效的比较，比如在《创造性作家与白日梦》（*Creative Writers and Day-Dreaming*）（1908e［1907］）中儿童游戏和由创意作家编造的故事之间的比较，以及在《论自恋》（1914c）中，弗洛伊德发现了精神病、同性恋、睡眠、爱和疑病症的一些共同之处，并从这些不同的心理事件的共同抽象概念中得出了自恋的概念。在他之前，没有人会想到要从这些不同的现象中找出一个共同点。

与众不同的比较和对比能力是弗洛伊德独创性的核心。婴儿性欲（infantile sexuality）与成人性欲、潜伏期（latency）的对比，男性气质（masculinity）与女性气质（femininity）的对比，移情表现与移情神经症（transference neurosis）的对比，神经症与反常（perversion）的对比，神经症与精神病的对比——不管我们是否意识到这一点，弗洛伊德已经教会我们在对比中思考。

弗洛伊德在1914年描述的移情神经症和自恋性神经症之间的对比，与哀伤和忧郁之间的区别是平行的——哀伤涉及一个丧失了的人，而忧郁则发生在自恋领域内。两篇论文关联紧密：没有《论自恋》，《哀伤与忧郁》就不可能被写出来，如果没有《哀伤与忧郁》，自恋这一概念最重要的临床含义之一就不会在临床上被用于精神分析。

对哀伤与忧郁的对比，实质是对一种几乎无人能幸免的、正常的但痛苦的事件（哀伤）和一种病理性的但非常常见的事件（忧郁）的对比。不断地比较正常的和病理性的事物是弗洛伊德的伟大天赋之一，这种天赋也在很大程度上使"弗洛伊德"成为二十世纪不朽的名字之一。梦的潜在意义、口误、婴儿性欲、俄狄浦斯情结（Oedipus complex）都是正常现象，对治疗精神疾病具有特殊意义。将哀伤与忧郁进行对比，再一次架起了正常与病态之间的桥梁。

我们感激卡洛斯·马里奥·阿斯兰（Carlos Mario Aslan）的重要历史性观察（第8篇），即弗洛伊德对于死亡对生者的影响的兴趣可以追溯到比《哀伤与忧郁》更早的时候，因为在《图腾和禁忌》（*Totem and Taboo*）（1912~1913）中，弗洛伊德就有些惊讶地提出，一个挚爱的亲人在死亡的那一刻可能会变成一个恶魔。

在弗洛伊德的笔下，哀伤与忧郁之间的对比是鲜明而绝对的。在这本专题论文集中，它变得更加微妙，沃尔坎通过"长期哀伤者"（perennial mourner）的概念，在哀伤和忧郁之间引入了微妙的中介阶段，而长期哀伤者的哀伤永远不会结束。我记得有一位成年患者，在童年时期母亲去世，她从未克服对母亲死亡的哀伤——她就是一个长期哀伤者，因为她哀伤的客体是一直都能被意识到的；但因为她从未停止过哀伤，所以她也很忧郁。

独具慧眼的读者会注意到参考文献列表很长，内容多样。参考书目传达的信息是，精神分析文献已经变得丰富、多样，但对我们中的许多人来说，要把这些遗产组织起来，整合成一个有意义的、合乎逻辑的结构，且能为我们的工作提供可靠的背景，是很困难的。在我试图理解罗斯福·卡索拉（Roosevelt Cassorla）的论文（第3篇）时，我尤其被这种压力震撼。我们必须准备接受这一事实，即精神分析遗产的庞大数量和丰富性让著作者在整合内容时竭尽全力，读者在阅读时需要持续的注意力，这样才不会迷失在细节中。

编写 IPA 专题论文集的困难之一是，参与者在坐下来写自己的论文之前没有机会阅读其他人的论文。唯一享有特权的是序言作者，在我看来，他的职责是把这些论文转化成一种类似于专题研讨会的东西，让参与者彼此之间有更直接的接触。我现在尝试要为这本专题论文集做的正是这件事。

当我收到写这篇序言的邀请时，我决定把德语原文和斯特雷奇（Strachey）的翻译放在一起一行一行地读。我拿出我的德语版弗洛伊德论文，逐字逐句地将原文与斯特雷奇的译文进行比较。事实证明这是一种有趣的尝试：逐行比较大大增加了我对《哀伤与忧郁》的理解。例如，弗洛伊德在第二页写道"忧郁的特点是内心深处的痛苦情绪"（*Die Melancholie ist seelisch ausgezeichnet durch innere tief schmerzliche Verstimmung*），斯特雷奇将其翻译为"忧郁的显著精神特征是极度痛苦的沮丧"（The distinguishing mental features of melancholia are a profoundly painful dejection）（p244），这与直译相差甚远。德语 *Verstimmung* 不是沮丧，沮丧是一个更强烈的词，但斯特雷奇的翻译有它自己的力量，能唤起人们的尊重。

第二个例子是普丽西拉·罗思（Priscilla Roth）论文（第1篇）中的建议，即弗洛伊德关于"人们永远不会心甘情愿地放弃一个力比多的位置，实际上，甚至在一个替代品已经向他们招手时"的陈述，应该被视为弗洛伊德最丰富的提法之一。当我们比较弗洛伊德的原文和斯特雷奇的译文时，会注意到弗洛伊德没有用"人们"（people）这个词，而是用了单数的"人"（*der Mensch*）——把人指代为单数，严格地说，是一个更有力的提法。罗思让我们记住了斯特雷奇，而不是弗洛伊德。我想起了著名的意大利谚语——"译者是叛徒"，也想起了翻译希腊悲剧的德国著名译者，他呼吁："读者们，学希腊语吧，扔掉我的翻译。"在我看来，没有偏倚的翻译似乎是一种无法实现的愿望，而到目前为止，斯特雷奇的翻译是如此著名且被引用得如此频繁，以至于新的译本无论好坏都不会消除斯特雷奇的影响。

罗思的这一篇是在克莱因学派的参照框架内写的——这个框架将《哀伤与忧郁》视为精神分析中客体关系的引入。对罗思来说，心灵不是单一的："有不同的和独立的自体部分，也有不同的被内化的爱的客体，所有这些都以复杂的方式联系在一起——有时是友好的，有时是强烈敌对的。"（首段）在忧郁中发生了双重认同，自我接管了"渴望的客体"的特质，而无价值感被投射到客体上，这个客体被视为等同于不被爱的自体，用以安慰的就是，"我没有失去客体，因为我就是它"。罗思对于哀伤的界定明显比我们许多人使用这个术语的方式要宽泛得多。她提出的主要案例既不是忧郁，也不是哀伤：这是一个在女性中经常遇到的案例，"这些女性无法与人建立有意义的关系，因为她们仍然是早期力比多之爱的奴隶"。这些女性具有攻击性，对她们的男朋友卑躬屈膝，嫉妒其他有更好恋爱关系的女性。在罗思看来，这些女性必须先学着去为她们已经丧失了的原初之爱的客体而哀伤，才能自由地去爱，而这种哀伤包括放弃与原初客体的联系。如果我们接受罗思对哀伤的更宽泛的定义，那么哀伤就始终存在于我们的工作中。

众所周知，只要大屠杀幸存者还在与战后生活中的现实困难作斗争，他们就不会成为精神分析患者。然而，一旦他们的社会和经济条件得到改善，难以忍受的大屠杀时期的记忆就从潜伏状态中恢复了，在潜伏状态中，这些记忆是被潜抑的（repressed）。这场灾难的社会层面迫使精神分析师重新思考如何对这些受害者进行工作的问题，我也参与了这项工作（Bergmann & Jucovy, 1988）。我们的一个主要结论是，治疗师必须帮助幸存者去哀伤，因为恶劣的条件使他们没有时间哀伤。

在第 2 篇中，玛丽亚·露西拉·佩兰托（María Lucila Pelento）回顾了一些有关大屠杀的文献，但接着将这一发现应用于阿根廷国家恐怖主义时期的失踪者（*desaparecidos*），这些人被绑架、折磨和谋杀。对于幸存者来说，不可能知道他们为什么被绑架，也不可能知道他们是活着还是已经被谋杀了，搜寻信息这个行为本身就是危险的。对一名幸存者的分析是她这一章的主题。这一章读起来并不容易，但它对精神分析和社会灾难之间的联系具有宝贵的贡献，使我们从一个新的角度来看待《哀伤与忧郁》。弗洛伊德的论文写于其中一次灾难时期，然而，他只是把哀伤和忧郁描述为一种个人现象，而不是一种社会现象。

我发现罗斯福·卡索拉的文章（第 3 篇）很难领会。他作品中的人物阵容非常庞大，包括拜昂（Bion）、卡珀（Caper）、埃尔曼（Ellman）、莫斯科维茨（Moskovitz）、格林伯格（Greenberg）、格罗斯泰因（Grotstein)、葆拉·海曼(Paula Heimann)、贝蒂·约瑟夫(Betty Joseph)、梅尔策(Meltzer)、奥格登(Ogden)、拉克尔(Racker)、罗森菲尔德(Rosenfeld)、桑德勒(Sandler)、西格尔(Segal)和斯特雷奇,而且梅兰妮·克莱因的精神主导着他们所有人。读者可能需要吸收的新概念的数量也非常大。"患者的影子落在分析师身上"是弗洛伊德所说的"客体的影子落在自我上"的一个变体——这个习语可用以解释患者成功唤起分析师强烈反移情的反应。在这一现代观点中,患者被视为是有能力看透分析师并攻击她或他的精神功能的。在分析师的投射性反认同中,患者与分析师之间的差异趋于消失,双方之间的互动创造出了"第三个分析性主体间的产物"。对卡索拉来说,一个更重要的概念是"不敢梦之梦"(non-dream)——患者不敢做的那些梦,在这种情况下,未知(not knowing)会成为一个内在的迫害性客体,患者的不敢梦之梦反过来又会落在分析师的自我上;另一个直观的危险是,分析师参与了"慢性活现"(chronic enactment)和"两个人的不敢梦之梦"(non-dream for two)。在我看来,逐渐发展的客体关系理论导致了精神分析词汇的增多。它的目的是解释患者和治疗师之间越来越复杂的互动,在这种互动中,面对有攻击性的忧郁患者,分析师的脆弱性始终具有重要的意义。

作为一位精神分析师,瓦米克·沃尔坎(Vamik Volkan)(第4篇作者)的声誉远远超出了我们的学科范围。文献目录中有14处引用了他本人和他在弗吉尼亚大学的同事的论著,其中6处是书籍。他的论著可以追溯到1972年。弗洛伊德将哀伤定义为一个到达终点的过程,而沃尔坎与他不同,他谈到了那些"长期哀伤者",尽管他们并没有发展为抑郁症。长期哀伤者将所失之人的客体表征保留为一个异体,这在精神分析文献中被称为内射(introject)。由于自体和异体的矛盾性,他们花了大量的精力去"杀死"并找回丧失的客体。像照片这样的"链接性客体"(linking objects)在长期哀伤中起着特殊的作用,它们倾向于冻结哀伤过程。沃尔坎区分了丧失后的悲痛与哀伤过程。因为成年人有能力让丧失的爱的客体的心理表征保持"鲜活",所以成年人的哀伤过程永远不会结束。当关系处于矛盾状态时,忧郁就会出现,而丧失的客体的心理表征就会被纳入自体表征中。当死亡与诸如溺水或火灾中援救失败等创伤相关时,持续的内疚感会使哀伤变得困难或根本无法实现。

沃尔坎的这一篇的最后一节是关于社会性哀伤的，在这一点上，他的论文与佩兰托的论文产生了关联。社会灾难和自然灾害会影响由成千上万甚至数百万人组成的大群体，这样的社会就像"长期哀伤者"。纪念碑是社会性哀伤的一种常见表达：它们有助于"涵容"（contain）社会性哀伤。群体创伤如果没有得到控制，就会传播到第二代（沃尔坎没有提到《大屠杀的几代人》(Generations of the Holocaust)（Bergmann & Jucovy，1988），但这本书阐明了他的论点）。政治领导人会为了实现自己的政治目的而选择引发这种创伤性事件。经历长期哀伤的社会在过去所遭受的痛苦的基础上会发展出"权利意识形态"（entitlement ideologies）。沃尔坎的分析使我有可能以一种新的方式来理解犹太历史的各个方面。希伯来月第九天的斋戒旨在为公元 70 年神殿的毁灭而哀伤，它可以被看作是社会性哀伤的一个例子；而宣称犹太人有权利回到他们祖籍的犹太复国主义，可以被看作是"权利意识形态"的一个例子。沃尔坎将"哀伤与忧郁"的边界大大地扩展到了社会和政治领域。

沃尔坎的精彩文章给我留下了一些问题。"长期哀伤者"真的是哀伤主题的一个特殊变体，还是我们应该将其看作是一个隐藏在哀伤面具下的忧郁患者？"社会性哀伤者"通过什么机制将他们的耻辱转化为一种权利？在我看来，如果他们成功做到了这一点，那是因为他们的哀伤增加了他们的自恋，如果是这样的话，他们也是伪装的忧郁患者。

玛丽亚·克里斯蒂娜·梅尔加（María Cristina Melgar）关于哀伤和创造力之间关系的文章（第 5 篇）是具有诗意的。它包含了丰富的创造性观察，但不容易被理解，对于非克莱因学派的人可能尤其困难。这一章以博格斯（Borges）的观察开始，即柏拉图（Plato）是出于对苏格拉底（Socrates）的哀伤而写下了他的对话。在书中，苏格拉底复活了，抵消了饮用致命毒酒的后果。梅尔加为哀伤的创造性转变举出的例子是卡巴乔（Carpaccio）的画"圣奥古斯丁在他的书房里（圣奥古斯丁的幻象）"[Saint Augustine in His Study（The Vision of Saint Augustine）]。在传说中，圣杰罗姆（Saint Jerome）拜访圣奥古斯丁，宣布他即将死亡。卡巴乔没有描绘圣杰罗姆的存在，而是描画出光照亮了空白处。圣奥古斯丁的表情是一种惊讶的表情，表现了死亡留下的空虚。梅尔加还引用了乔治·波洛克（George Pollock，1975）的观察，即葬礼音乐可以表达作曲家对于他们自己预期的死亡的哀伤。哀伤可以引向新的创造力之路，而不是作为一个更世俗的"修通"（working through）的例子。

托马斯·奥格登（Thomas Ogden）的文章（第 6 篇）强烈呼吁将《哀伤与忧郁》作为开创客体关系理论的文章，因为它强调潜意识的内在客体是导致心理冲突的最重要原因。弗洛伊德在论文第 245 页的声明中提到，忧郁者"知道他失去了谁，但不知道他内在失去了什么"，这对奥格登来说有两层含义：第一是指与客体的联系的重要性，第二是指由于失去客体导致的个体内在的丧失。忧郁者抛弃了客体，而哀伤者失去了客体。因为忧郁者使自己与外部现实的大部分断开了联系，他丧失了自己生命中相当大的一部分。奥格登同意弗洛伊德的观点，即在忧郁中，自我认同了丧失的客体。他补充说，作为这种认同的结果，两方——自我和客体——仍然被彼此囚禁。

而后，奥格登呈现了一个非常有趣的梦。正是对这个梦的诠释，让我看到奥格登离传统的精神分析有多远。在梦中，一位贵宾将要被祝贺，但一连串的人站起身，向做梦者表示敬意。每次做梦者都感谢他们，但同时也提醒那些致敬的人，自己不是那个贵宾。这样的场景反复出现，一直没有被解决。传统的分析师会把这个梦解释为患者的自恋和他与分析师的关系之间的冲突。听众中那些热烈谈论患者的人代表了患者的自恋，而患者本人——也就是他非自恋的那部分——希望向那位在聚会上被视为贵宾的精神分析师表示敬意。做梦者的可怕领悟是，这个过程会永远持续下去，这表明患者潜意识的信念是：自我之爱（self-love）和移情之爱（transference love）之间的斗争永远不会被解决。我不会在此重现奥格登自己的解释，留待读者来决定哪种解释更有说服力。不同的分析师对梦的解释非常不同，这个事实是我们必须学会接受的。弗洛伊德认为，任何一个梦都只有一个潜在的意义：从那以后，我们就明白，让分析师得出解释的"模型"有意识或潜意识地决定着一个梦的潜在内容是什么。

据我所知，奥格登的文章是唯一从文献中再生出来的文章（发表于 2002 年第 83 期《国际精神分析杂志》）。这套书的编委专家认为这是特别值得注意的。这个事实会使我对梦的解释和奥格登对梦的解释之间的区别变得更有趣。

佛洛伦斯·吉尼亚尔的观点（Florence Guignard，第7篇）是，自弗洛伊德以来，西方世界发生了比大多数精神分析师所认为的更为彻底的变化。"潜伏期"（the latency period）对弗洛伊德《三论》（*Three Essays*）（Freud，1905d）中的思想很重要，它将婴儿的性欲区别于成人的性欲，但它很快会消失。这种威胁性的消失带走了西方文明的基石之一。全球化给我们带来了全球性的焦虑。弗洛伊德认为，个人的幻想对现实原则具有巨大的反作用力，而当今的文化使大多数人生活在"虚拟现实"中，虚拟现实并不需要梅兰妮·克莱因和汉娜·西格尔（Hannah Segal）所强调的象征化能力。把幻想和现实混淆起来需要一种强烈的、病理性的投射机制，而虚拟现实则提供了对真实事物的幻觉。

当快乐-不快乐原则与现实原则冲突时，当主要驱力相互作用时，当外部客体与内在客体冲突时，当自我、客体和符号相互作用时，哀伤过程就发生了。除了弗洛伊德，这一章的大部分内容都是关于梅兰妮·克莱因的思想。除了佩兰托及沃尔坎，吉尼亚尔也是本书中强调社会现实变化对分析工作影响的作者。

卡洛斯·马里奥·阿斯兰（Carlos Mario Aslan）的第8篇，正如其标题所示，是试图更新哀伤过程的元心理学。阿斯兰把哀伤看作是与爱的客体的分离，不能再和这个客体进行任何爱的行为的交换。他还进一步指出："哀伤过程有两个主要目的，修通爱的客体的丧失，以及摆脱一个内在的、迫害性的、自我毁灭性的（thanatic）客体，这个客体反对快乐和生命。"这个定义的前半部分与弗洛伊德的《哀伤与忧郁》一致；后半部分使用的术语"自我毁灭性的"（thanatic）源于自我毁灭的本能（Thanatos）一词，是弗洛伊德描述死亡本能时所用的术语，它与弗洛伊德的死亡本能理论是一致的，是在梅兰妮·克莱因的影响下写成的。在阿斯兰看来，弗洛伊德未能区分内在客体和对内在客体的认同。

当哀伤过程在其正常的演变过程中被打断时，它就变成了病理性的，进而变成了抑郁性的体验。正常的哀伤由一组功能组成。不同类型的内化并不像人们常说的那样进入自我（ego）、超我（superego）或自我理想（ego ideal），而是作为自我、超我或自我理想发挥作用。哀伤的过程始于否认（"我真不敢相信！"）。当现实检验教会自我接受丧失时，自我将其力比多依恋从内化的逝者客体表征上撤回。这种力比多撤回造成了两种驱力的"分离"（unmixing），让内在客体成为死亡驱力的猎物。由于两种驱力的分离，自我毁灭的本能或死亡驱力被释放了，这创造了一个危险的情境，并唤起了死亡的愿望。例如，当一个鳏夫想要有性关系时，如果内在客体运作为超我，那么他就会感到内疚；如果这个认同是一种自我认同，他就会失去欲望。我们需要细读这一章。我发现理解这一章并不是一件容易的事情，但是我们所花费的努力是值得的。

正如标题所示，琼·米歇尔·奎诺多兹（Jean-Michel Quinodoz）的论文《教授哀伤与忧郁》（*Teaching Mourning and Melancholia*）（第9篇），是关于如何教授弗洛伊德论文的初识读本。这是他2004年出版的《阅读弗洛伊德：弗洛伊德著作的年代顺序探索》（*Reading Freud：A Chronological Exploration of Freud's Writings*）一书的一部分。值得注意的是，这篇论文的阐述非常清晰，不熟悉弗洛伊德的《哀伤与忧郁》的读者应该先读这一篇。奎诺多兹将他的这一章分为四个部分：在第一部分中，他谈到了亚伯拉罕（Abraham）1911年发表的有关抑郁症的著作，它比《哀伤与忧郁》早几年问世；第二部分是他对弗洛伊德论文的分析，简明扼要且条理分明；第三部分论述了梅兰妮·克莱因的贡献；而第四部分则超越了这本专题论文集的范围，他提出了在一般情况下如何教授弗洛伊德的著作。奎诺多兹将克莱因学派关于攻击性和力比多之间的冲突发生在婴儿期的观察作为一项发现，而我认为这是一个主要的假设，在很大程度上决定了她的新模型，然后，他简洁地呈现了克莱因学派的模型。

我想在奎诺多兹对亚伯拉罕著作的讨论中补充一些东西。他提到亚伯拉罕1911年的论文《关于精神分析调查和治疗躁狂-抑郁性精神病及其相关症状的注释》（*Notes on the Psychoanalytic Investigation and Treatment of Manic-Depressive Insanity and Allied Conditions*）。他强调亚伯拉罕的发现，即这些患者因为他们力比多中的施虐成分过于强烈而无法去爱。这种说法很有趣，因为在双重本能理论之前，施虐被认为是力比多的一部分。亚伯拉罕1911年的看法是"当他不得不在没有得到满足的情况下放弃他的性客体时，抑郁就开始了"（p137）。在这本专题论文集的作者中，奎诺多兹是唯一一个将这一主题的历史追溯到亚伯拉罕的人，对此我们表示感谢。然而，我想强调一下亚伯拉罕的观点和弗洛伊德的《哀伤与忧郁》之间的基本区别。在1916年——也就是弗洛伊德论文发表之前的一年——亚伯拉罕发表的一篇论文中，他提到忧郁在口欲期的固着：

在他的潜意识中，忧郁的人将他的与客体合并的愿望直接指向他的性客体。在他的潜意识深处有一种吞噬和毁灭其客体的倾向。（p216）

与强迫性神经症患者的施虐欲望相反，忧郁者的潜意识愿望是通过吃掉他爱的客体来摧毁它。（p227）

亚伯拉罕的写作完全遵循当时正确的观点，即这两种疾病都不是固着的结果，而弗洛伊德在他的论文中，介绍了客体的一个新的关系维度。具有历史意义的是，如果弗洛伊德没有在《哀伤与忧郁》中彻底改变我们对抑郁的理解，这个简单的观点可能就是精神分析学对抑郁的观点，即使是极具天赋的亚伯拉罕也没有预见到关于哀伤和忧郁弗洛伊德会发现什么。

我想以我个人的观点来结束我的介绍。对我来说，在人生中的第93年，能有幸向读者介绍这本书的作者们并不是一件容易的事，但这是一项非常有意义的任务，我希望对于这本专题论文集的读者来说也是如此。我没有意识到梅兰妮·克莱因的著作对弗洛伊德的《哀伤与忧郁》产生了巨大的影响，也没有意识到有关哀伤的工作在当今的精神分析中变得多么复杂。但更令人印象深刻的是，哀伤的内容远远超出了所爱之人的死亡，它在很多人的生命中都很重要。在我们的生活中，我们总是会作出选择：我们作出的每一个选择都意味着我们没有选择其他的选项，而每一个重大的没有被选择的选项都会唤起一些哀伤的感觉。我的一位患者让我明白了这一点，她对自己一生中所作的几乎所有决定都感到后悔。她的悔恨与其说是哀伤，不如说更多地带着迫害性忧郁的特质。当自我足够强大到来哀伤那些没有作出的选择，而不是屈服于折磨她的迫害性超我时，治愈出现了。在另一个案例中，我也更清楚地认识到哀伤工作的重要性。在这个案例中，一个男人必须在他爱的女人和他离不开的女人之间作出选择。我们清楚地认识到，任何一种选择都意味着哀伤他不得不放弃的选择。这位患者告诉我，在生活中，有时我们必须在两种哀伤之间作出选择。哀伤的能力是我们所有人都必须具备的一种不可或缺的能力。

第一部分
《哀伤与忧郁》
(1917e [1915])

西格蒙德·弗洛伊德（Sigmund Freud）

梦在我们的日常生活中是自恋性精神障碍的原型，现在我们试着通过将其与哀伤的正常情感进行比较，来阐明忧郁的本质。❶ 然而，这次我们必须从承认开始，以警告对我们的结论价值的任何高估。忧郁的定义即使在描述性精神病学中也是变动的，它有着各种各样的临床形式，似乎并不能确定无疑地将它们组合为一个单一的实体；而这些形式中有一些显示的是躯体性的影响，而非心因性的影响。除了那些对每个观察者开放的印象之外，我们的材料仅限于少数案例，他们的心因性特征是无可争议的。因此，我们一开始就放弃所有对我们结论一般有效性的主张，以目前我们能够采用的研究方式，我们几乎不能发现任何不典型的障碍，它们即使不是一整类典型的障碍，至少其中的一小部分是典型的，我们应当通过这样的反思来安慰自己。

忧郁与哀伤之间的相关性，似乎是由这两种情况的总体图像所证明的。❷ 此外，据我们所知，由于环境的影响而引起的使人激动的原因，在两种情况下都是一样的。哀伤通常是对失去所爱之人的反应，或者是对失去了某种抽象事物的反应，这种抽象事物代表了诸如一个人的祖国、自由、理想、等等。在有些人身上，同样的影响产生了忧郁而不是哀伤，我们因此怀疑他们有一种病理性气质。还有一点值得注意，尽管哀伤涉及对正常生活态度的严重偏离，但是我们从来没有想过要把它作为一种病理状态，也不会提到需要医学治疗。我们指望过了一段时间就能克服它，我们认为对它的任何干预都是无用的，甚至是有害的。

忧郁的明显精神特征是极度痛苦的沮丧、对外部世界兴趣的中断、失去爱的能力、所有活动的抑制，以及自我关涉感（self-regarding feelings）降低到一定程度，在自我责备和自我辱骂中可找到相关表达，并且在一种对惩

---

❶ 德语单词"Trauer"，就像英语单词"mourning"一样，既可以表示悲伤的情感，也可以表示悲伤的外在表现。在整个这篇论文中，这个单词都翻译成"mourning"。

❷ 关于这个主题的分析性研究为数不多，我们把其中最重要的研究归于亚伯拉罕（Abraham，1912），他也把这种比较作为他的出发点（弗洛伊德自己在1910年甚至更早就已经做过这样的比较了）。

罚的妄想性期待中达到顶峰。当我们考虑到，除了一个特征外，这些同样的特征都会在哀伤中被碰到，这幅图像就变得更可理解一些了。在哀伤中并没有自我关涉感的紊乱，但是其他特征是相同的。深切的哀伤是对失去所爱之人的反应，包含着同样的痛苦心境，同样失去对外部世界的兴趣——这样就不会回想起他——同样失去接纳新的爱的客体（这意味着要取代他）的能力，以及同样远离任何无关乎想到他的活动。很容易看出，这种自我的抑制和限制是一种对哀伤的完全虔诚的表达，没有任何留给其他目的或其他兴趣的余地。的确仅仅因为我们很清楚如何解释它，所以这种态度在我们看来不是病理性的。

我们应当将之视为一种恰当的比较，也可以把哀伤的心情称为一种"痛苦"心情。当我们能够对痛苦的经济学给出特性描述时，我们可能会看到这样做的正当理由。

那么，哀伤所进行的工作是由什么构成的呢？我不认为用下面的方式来呈现它有什么牵强附会。现实检验表明被爱的客体再也不存在了，它继续要求所有的力比多应当从对那个客体的依恋中撤离出来。这一要求激发了可以理解的反对——这是一个普遍观察的问题，即人们永远不会心甘情愿地放弃一个力比多的位置，实际上，甚至在一个替代品已经向他们招手时，都不愿意放弃。这种反对可以如此强烈，以至于通过一种幻觉性的、一厢情愿的精神病为媒介，发生了对现实的背离以及对这一客体的黏附。通常情况下，尊重现实会占上风。然而，它的命令不会立即被执行。它们是被一点一点地执行的，其巨大的代价是花费时间和投注能量，与此同时，这个丧失的客体的存在性在精神层面上被延长了。在每一份回忆和期待中，力比多与客体捆绑在一起，现在这些回忆和期待都被调出来并被高度地投注，与此相关的力比多分离就完成了。❶通过这种妥协，现实的指令被逐个地执行，为什么这个妥协如此地极度痛苦，从经济学的角度来解释是完全不容易的。值得注意的是，这种痛苦的不愉快感被我们视作理所当然。然而，事实是，当哀伤的工

---

❶ 这一观点似乎在《癔症研究》（*Studies of Hysteria*）标准版（Freud, 1895d）中已经表达过：可以在弗洛伊德对伊丽莎白·冯·R.小姐（Fräulein Elisabeth von R）的案例病史的"讨论"接近开头部分找到一个与此相似的过程。

作完成时，自我再次变得自由和不受约束。❶

现在让我们把我们所了解到的有关哀伤的知识应用到忧郁上。在一组情形中，很明显，忧郁也可以是对失去爱的客体的反应。不同情形下，使人感到刺激的原因不同，人们可以识别出，存在着一种更为理想类型的丧失。客体可能实际上没有死，但是作为爱的客体已经被失去了（例如，在一个已经订婚的女孩被抛弃的情况下）。但是，在其他情况下，人们感到维护如下的信念是合乎情理的，即这种丧失已经发生了，但是人们不能清楚地看到已经失去的是什么，完全更合理的是去假定患者也无法在意识层面上感知到已经失去的是什么。实际上，这种情况可能是，即便患者意识到造成他忧郁的丧失，但只是在某种意义上他知道他失去了谁，但不知道他内在失去了什么。这可以提示我们，忧郁在某种程度上与从意识中被撤退的客体-丧失相关，与哀伤相对比，在哀伤中与丧失相关的一切都不是潜意识的。

在哀伤中，我们发现自我全神贯注于哀伤工作中，这完全可以解释个体的抑制和兴趣丧失。在忧郁中，不明的丧失也会导致类似的内部工作，因此也可以解释忧郁性的抑制。区别在于忧郁的抑制对我们来说似乎很让人费解，因为我们不知道是什么东西如此完全地吸引住了这个人。忧郁症患者除了表现出缺乏哀伤之外，还表现出一些别的东西——对自身利益的关注大大降低，自尊也在很大程度上被削弱了。在哀伤中，世界变得贫瘠和空洞；在忧郁中，自我本身变得贫瘠和空洞。患者给我们呈现的他的自我是毫无价值的，没有能力实现任何成就，在道德上是卑鄙的；他责备自己，诋毁自己，期待被驱逐和被惩罚。他在所有人面前卑躬屈膝，并且同情他自己的亲戚，因为他们与这样一个没有价值的人联系在一起。他不认为在他内部已经发生了改变，而是将他的自我批评延伸到过去；他宣称他从来没有好转过。这幅（主要是道德方面的）自卑感的妄想画面，是通过失眠和拒绝摄入营养来完成的，而且——在心理层面上非常显著的是——也通过克服所有生物用以维持生存的本能来完成。

无论是从科学的角度还是从治疗的角度，反驳这样一个对他的自我提出

---

❶ 对这一过程中的经济学的讨论将在下文看到。

这些指控的患者，同样都是徒劳的。在某种意义上，他应该无疑是正确的，他一定是在描述在他看来是什么样子的事物。的确，我们必须立即毫无保留地确认他的一部分言论。他的确如他说的那样缺乏兴趣，没有能力去爱和获取成就。但是，正如我们所知道的，那都是次要的；是内在工作的效果消耗了他的自我——这是我们所不知道的工作，但是这与哀伤的工作相差无几。在我们看来，在某些其他的自我谴责方面，他似乎也是合乎情理的；仅仅就是他比那些不是忧郁症患者的人对真相具有更加敏锐的洞察力。当他加剧自我批评时，他将自己描述为小气的、自我中心的、不诚实的、缺乏独立性的，他唯一的目标就是藏起他自己本性中的弱点，就我们所知，他可能已经接近了解自己了；我们只是想知道，为什么一个人不得不先得病了，他才能接近这样的真相。因为毫无疑问，如果有人持有并向他人表达像这样的对自己的观点（这也是哈姆雷特持有的对自己和其他所有人的观点❶），他就是病了，无论他说的是真相，还是他对自己或多或少有些不公平。也不难看出，就我们所能判断的而言，在自我贬低的程度和其真正的理由之间，并没有一致之处。一位良善的、有能力的、认真的妇女在她发展出了忧郁症之后，把自己说的比那种实际上毫无价值的人也好不了多少；的确，前者可能比后者更可能患上这种疾病，对于后者我们也应该没什么好话可说。最后，一定会让我们震惊的是，毕竟忧郁症患者的行为方式与一个以正常方式被懊悔和自责压垮的人的方式不完全一样。在他人面前的羞耻感，比任何其他东西更能描述后一种情形的特征，但是这在忧郁症患者身上是缺乏的，或者说至少在他身上不是突出的。忧郁症患者可能会强调他内心存在的一个几乎相反的特质，即迫切交流，这种交流在自我暴露中找到了满足。

因此，重要的事不在于忧郁症患者令人苦恼的自我贬低是否正确，也就是他的自我批评是否与其他人的看法一致。重点应该是，他对自己的心理状态给出了正确的描述。他已经丧失了自尊，他对此一定有很好的理由。的确，我们现在面临着一个矛盾，即所呈现的问题是难以解决的。与哀伤的类比使我们得出结论，即他承受着与客体丧失相关的痛苦；他告诉我们的东西指向与他的自我相关的一个丧失。

---

❶ "要是照每个人应得的名分对待他，那么谁逃得了一顿鞭打呢？"（第二幕第二场）。

在我们探究这个矛盾之前，让我们仔细想一想忧郁症患者的障碍所提供的关于人类自我构成的观点。我们看到在他内部自我的一个部分如何与另一个部分对立起来，批判性地评判它，就好像把它当作自己的客体。我们怀疑，此处从自我中分裂出来的这个批判性的代理可能在其他情况下也显示出其独立性，这个怀疑将在每一次的进一步观察中得到证实。我们将切实找到依据，把这个代理与自我的其余部分区分开来。此处，那个我们越来越熟悉的代理通常被叫作"良心"；我们将把它，连同意识的审查和现实检验纳入自我的主要体系中，而且我们将找到证据表明，它会因为自身原因而患病。在忧郁的临床表现中，基于道德考虑的对自我的不满意是最突出的特征。患者的自我评估很少涉及身体上的衰弱、丑陋或软弱，也很少涉及社交性自卑。在这一类人中，只有对变得贫穷的恐惧和断言占据了突出的位置。

有一个一点也不难做到的观察，可以用来解释上文倒数第二段结尾所提到的矛盾。如果人们耐心地倾听一位忧郁症患者诸多不同的自我谴责，最后难免不会获得这样的印象，即这些谴责中最激烈的部分通常几乎完全不适用于患者自身，但是如果做一些无关紧要的修改，它们确实符合另外一个人，就是这个患者爱着的，或曾经爱过的，或应该爱的那个人。每一次人们检查这些事实时，这个推测就得到了证实。所以我们找到了这种临床图像的关键所在：我们认为这种自我责备是针对一个所爱客体的责备，这些责备被从客体身上转移到了患者自己的自我上。

因为丈夫被束缚在像她自己这样无能的妻子身上而大声对丈夫表示同情的妇女，实际上是在指责她的丈夫是无能的，在任何意义上她都可能是这个意思。一些真正的自我责备就散布在那些被转置回来的责备中，对于这点并不需要非常惊讶。这些自我责备得以强行突出它们自己，是因为它们有助于掩盖对他人的责备，使人们无法识别事情的真实状态。此外，这些责备源于爱的冲突中的利与弊，正是这种冲突导致了爱的丧失。现在，患者的行为也就更加可理解了。他们的抱怨实际上蕴含了"诉苦"（plaints）这个词的古老含义。他们并不感到羞耻，也不隐藏自己，因为他们说的一切对自己贬低的话，实际上是在说其他人。此外，他们对于周围的人完全没有表现出那种与无价值之人"匹配"的谦卑和服从的态度。与之相反的是，他们给自己制造了极大的麻烦,而且看上去好像他们觉得自己受到了轻视,受到了非常不公正的对待。所有这一切之所以成为可能,只是因为他们的行为中表达出来的反应仍然是由一种精神上的反抗集结所发出的,然后,通过某种过程,这种精神反抗集结变成了压抑的忧郁状态。

重建这一过程并不困难。客体-选择是力比多对一个特定的人的依恋,这种客体-选择曾经存在过;然后,由于来自这个被爱的人的真实的怠慢或失望,这一客体关系支离破碎了。其结果并不是正常的将力比多从这个客体中撤出并置换到新的客体上,而是出现某种不同的结果,为了它的到来,各种条件似乎是有必要的。客体投注(object-cathexis)被证明几乎没有阻抗的力量,而且投注也终止了。但是,这个获得自由的力比多并没有被置换到另一个客体上;它被撤回到自我中。然而,在那里,它没有被以任何未指明的方式使用,而是服务于建立自我对这个被抛弃的客体的认同。因此,客体的这个阴影落在自我中,而自我从此以后可以被一个特定的❶代理评判,好像它就是一个客体,那个被抛弃的客体。以这种方式,客体的丧失转变成自我的丧失,自我与所爱之人之间的冲突转变成自我的批判活动与被认同改变的自我之间的分裂。

关于上述这样一个过程的前提条件和影响,可以直接推断出一件或两件事。一方面,一定存在对所爱客体的强烈固着;另一方面,与此相矛盾的是,客体投注一定几乎没有阻抗的力量。正如奥托·兰克(Otto Rank)所恰当评论的那样,这个矛盾似乎暗示着客体-选择是在一个自恋的基础上受到影响的,所以,当客体投注遇到阻碍时,就会退行到自恋中。随后,对客体的自恋性认同就成为情欲性投注(erotic cathexis)的替代,其结果是,尽管与所爱的人有冲突,但是爱的关系不需要被放弃。这种对客体-爱的认同替代是自恋性情感的一种重要机制;卡尔·兰道尔(Karl Landauer,1914)不久以前曾在一例精神分裂症患者的康复过程中指出了这一点。当然,这代表着从一种类型的客体-选择退行到原始的自恋。我们在其他地方已经表明,认同是客体-选择的初级阶段,这是第一种方法——是一种以矛盾的方式表达的方法——在这个过程中自我挑选了一个客体。自我想要把这

---

❶ 仅在第一版(1917)中,这个词没有出现。

个客体合并入自身，而且，它是与力比多发展的口欲阶段（oral phase）或同类相食阶段（cannibalistic phase）相一致的，它想通过吞食这个客体来完成这个过程。亚伯拉罕将在忧郁症的严重形式中会遇到的拒绝营养物质归因于这一联系，这毫无疑问是正确的。❶

不幸的是，我们的理论所需要的结论——罹患忧郁症的倾向（或者这种倾向的一部分）在于自恋类型的客体-选择占据了主导地位——还没有被观察证实。在这篇论文的开场白中，我承认这个研究所依据的经验材料不足以满足我们的需要。如果我们能够假定，在观察的结果与我们已经推论出来的东西之间是一致的，那么我们就应该毫不犹豫地在我们对忧郁的特征描述中纳入"力比多从客体投注退行到仍是自恋性的口欲期"这个情况。对客体的认同在移情神经症中也绝非罕见；的确，它们是一种众所周知的症状形成机制，尤其是在癔症中。然而，自恋性认同与癔症性认同之间的差异可能表现在这个方面：在自恋性认同中，客体投注被抛弃，在癔症性认同中，客体投注持续存在并清楚显示了其影响，尽管这通常局限于某些孤立的动作或运动感觉中。在所有情形中，也包括在移情神经症中，认同表明存在着一些共同的东西，这可能意味着爱。自恋性认同是二者当中更古老的一种，它为我们理解癔症性认同铺平了道路，这还没有被彻底地研究。❷

因此，忧郁借用了哀伤中的一些特征，而其他的特征则源于从自恋性客体-选择到自恋这一退行过程。一方面，它像哀伤一样，是对真正丧失一个所爱客体的反应；但是，除此之外，它以一个决定因素为标志，而这个决定因素在正常的哀伤中是缺失的，或者说，如果存在这个决定因素，它将正常的哀伤转变成病理性的哀伤。一个爱的客体的丧失，对于爱的关系中的矛盾性来说是一个非常好的机会，它使这个矛盾变得有效并且得以公开。❸在有

---

❶ 显然，亚伯拉罕是在1915年2月到4月之间的一封私人信件中第一次引起弗洛伊德对此的注意。参见琼斯的传记（Jones, 1955: 368）。

❷ 身份认同的整个主题随后由弗洛伊德在他的《群体心理学》（*Group Psychology*）（1921c）标准版第七章中进行了讨论。在《梦的解析》（*The Interpretation of Dreams*）标准第4版（1900a: 149-151）中有一个关于癔症性认同的早期描述。

❸ 接下来的大部分内容在《自我和本我》（*The Ego and the Id*）（1923b）的第五章中有详细阐述。

着强迫性神经症倾向的情形下，由于矛盾性而产生的冲突会使哀伤染上病理性色彩，并迫使其以自我责备的形式表达自身，其效果是哀伤者自己要因为失去爱的客体而受责备，也就是，他想要这事发生。这些伴随着所爱之人的死亡而产生的强迫性抑郁（depression）状态向我们展示了，当没有力比多的退行性注入时，由于矛盾性而产生的冲突通过自身可以实现什么。在忧郁中，导致产生这种疾病的情形，在极大程度上超出了由于死亡而产生的丧失的明确情形，还包括了所有被轻视、忽视或失望的情形，这些情况可能会将爱和恨的对立情感输入到关系中，或者强化已经存在的矛盾性。这种由于矛盾性而产生的冲突，有时更多源于真实的体验，有时更多源于气质性因素，在忧郁的前提条件中这不应当被忽视。如果对于客体的爱——尽管这个客体本身已经被放弃，但是爱无法被放弃——在自恋性认同中找到了避难所，那么，恨就开始在这个替代性客体身上产生作用，虐待它，贬低它，使其受苦，并从其受苦中获得施虐性的满足。忧郁症中的自我折磨，毫无疑问是令人享受的，就像强迫性神经症中的相应现象一样，它意味着施虐倾向与恨的倾向❶的一种满足，这种施虐和恨是与一个客体相关的，并以我们刚才正在讨论的方式转到了主体自己的自体上。在这两种障碍中，患者通过自我惩罚的迂回路径，通常能成功地对原始客体进行报复，并且通过他们的疾病成功地折磨他们所爱的人，他们之所以诉诸这样的方法，是为了避免公开表达他们对于他的敌意的需要。毕竟，引发患者的情绪障碍的这个人，并且也是处于患者疾病中心的这个人，通常是可以在患者的直接环境中被找到的一个人。因此，忧郁症患者对于他的客体的情欲性投注，经历了一个双重的变迁：其中的一部分退行到认同，但是另一部分，在由矛盾性所产生的冲突的影响下，被带回到施虐的阶段，这更接近于那个冲突。

　　仅是这种施虐就足以解答自杀倾向这一难解之谜，这一倾向也使忧郁如此令人感兴趣——以及如此危险。自我的自体之爱是如此无边无际，我们已经认识到这是一种原始状态，本能生活是从这个原始状态出发的，自恋力比多的数量如此之巨大，我们看到它们被释放在生命受到威胁时产生的恐惧

---

❶ 关于两者之间的区别，请参阅我的论文《本能及其变迁》（Instincts and their Vicissitudes, p138-139）。

中，以至于我们无法设想那个自我是如何同意它的自我毁灭的。诚然，我们很久以来就已经知道，神经症患者内心怀有自杀的念头，这些念头无不是从对他人的谋杀性冲动转向为对他自己的，但是我们也从来无法解释，这些力量之间如何相互作用才能实现这样一个目的。现在，对忧郁的分析表明，由于客体投注的返回，自我只有在将其自身当作客体对待的时候，它才能杀死自己——如果它能够将敌意直接转向自己，这种敌意是与客体相关的，而且代表着自我对外部世界中客体的原初反应。❶因此，在从自恋性客体-选择的退行中，客体的确被去除掉了，但是它被证明比自我本身更强大。在最强烈的爱和自杀这两种对立的情形中，自我被客体压倒，尽管是以完全不同的方式。❷

我们曾经提到过忧郁的一个特别显著的特征，也就是害怕变得贫瘠这一点很突出，看起来貌似有理由去假定，这是起源于肛门性的性欲，这个肛门性的性欲已经脱离了它的环境，并且在一种退行的意义上被改变了。

然而，忧郁症还会让我们面对其他问题，在某种程度上，我们找不到这些问题的答案。在一段时间流逝之后，它就会逐渐消失，没有留下任何显而易见的变化的痕迹，这一事实是与哀伤共有的特征。我们通过解释的方式发现，在哀伤的时候，具体地执行现实检验的要求，是需要时间的，而且当这一工作完成的时候，自我会成功地将其力比多从这个失去的客体身上释放出来。我们可以想象，在忧郁的过程中，自我被类似的工作占据；在这两种情形中，我们对于这些事件过程中的经济学都没有任何洞察力。忧郁中的失眠证明了这种情形的僵化，也证明了睡眠所必需的投注的一般性导入是不可能被影响的。忧郁的复杂性就像是一个开放的伤口，将源于各个方向的投注的能量吸到自身这里——在移情性神经症中，我们已经称其为"反投注"（anti-cathexes）——而且，它清空自我，直到它完全穷困。❸这很容易可以证明是对自我想要睡觉的愿望的阻抗。

---

❶ 参考《本能及其变迁》。
❷ 在《自我和本我》的第五章和《受虐的经济问题》（*The Economic Problem of Masochism*）（1924c）的最后几页可以找到关于自杀的讨论。
❸ 在弗洛伊德早期关于忧郁的笔记（Freud, 1950a）的相当深奥的第六部分中，这个关于开放的伤口的类比已经出现（由两个图表来说明）。

可能有一个躯体的因素，也是一个无法从心理上解释的因素，在接近傍晚时发生的规律的状况改善中，这个因素使它本身彰显了出来。这些考虑带来了一些问题，即是否自我内部的一个与客体无关的丧失——一个纯粹的对自我的自恋性打击——可能不足以产生忧郁的表现，以及是否直接由于毒素而导致的自我-力比多的穷困，可能不会产生这种疾病的某些形式。

忧郁最明显的特征，也是最需要解释的特征，就是它转变为躁狂的倾向——这是一种在症状方面与忧郁相反的状态。正如我们所知道的，并不是每一个忧郁患者都会发生这种情况。有些病例具有周期性复发的病程，在间隔期，躁狂的迹象可能完全没有或非常轻微。另一些病例则展现出规律的忧郁和躁狂的阶段性交替，并因此被假定存在循环性精神失常。如果不是因为这样的事实，即在一些恰恰符合这种情形的案例中，精神分析性的方法已经成功地找到了解决方案并产生了治疗性改善，那么人们可能会倾向于认为这些病例是非心因性的。因此，将对忧郁的分析性解释扩展到躁狂，这不仅仅是获得准许的，更是我们义不容辞的责任。

我不能保证这种尝试将被证明是完全令人满意的。它几乎不可能使我们远远超出最初的方位。我们有两点可作为依据：第一点是精神分析性的印象，第二点我们可以将其称为一般经济学经验的问题。几个精神分析的研究者已经用语言表达出来的印象是，躁狂的内容并没有不同于忧郁的内容，这两种障碍都在与相同的"情结"作斗争，但是在忧郁中，自我可能已经屈服于这个情结，而在躁狂中，自我已经掌握了它，或者把它推到了一边。我们的第二个线索是由这样的观察所提供的，即所有的状态，如喜悦、欢欣或胜利，都取决于同样的经济学条件，这为我们提供了躁狂的正常模式。这里所发生的是，由于某种影响，长期维持的或者习惯性发生的、精神能量的大量消耗，最终变得不必要了，所以它可以被用于众多用途，也有被释放的可能性——例如，当一个贫穷的可怜人，通过赢得一大笔钱，突然从对日常生计的慢性担忧中解脱了出来，或当一个漫长而艰苦的斗争终于取得圆满成功，或当一个人发现自己能够一下子摆脱某种压迫性的冲动、某种他不得不长期保持的错误立场，等等。所有这些情形的特征在于情绪高昂，在于释放了愉快情绪的迹象，在于增加了采取各种类型行动的准备——就像在躁狂中一样，而且与忧郁症中的抑郁和抑制截然相反。我们可以冒险断言，躁狂无非就是这样的胜利，只是在这种情形中，再次，自我所克服的以及它所战胜的东西仍然是隐藏的。醉酒属于同样类别的状态，可能（只要这是一种兴高采烈的状态）可以用同样的方式来解释；这里，在潜抑中可能有一种精神能量消耗的暂停，这种暂停是由毒素所产生的。流行的观点喜欢这样去假设：一个在这种躁狂状态中的人，会从动作和行动中发现这样的乐趣，是因为他是如此的"高兴"。这种错误的关联当然必须得到纠正。事实是，在上面提到的主体的内心中，经济上的状况已经得到满足，这就是为什么他一方面如此情绪高涨，另一方面在行动中又如此不受拘束的原因。

如果我们把这两个指征放在一起，❶我们所发现的是这样的：在躁狂中，自我一定是已经克服了客体的丧失（或者它的哀伤盖过了丧失，或者可能哀伤盖过了客体本身），这样一来，由忧郁症的令人痛苦的折磨从自我那里引入到自身的全部反投注和"束缚"（bound）将变得可以获得。此外，躁狂的主体通过像一个极度饥饿的人那样寻找新的客体投注，清楚地展示出他从那个使他遭受痛苦的客体中解脱出来了。

这个解释当然听上去貌似合理，但是首先，它太不明确了，其次，它产生了更多的新问题和新疑问，超出了我们能够解答的范围。我们不会回避对这些问题和疑惑的讨论，即便我们无法期望能清晰地理解它。

起初，正常的哀伤也克服了客体的丧失，而且，在它持续的同时，它也吸收了自我的所有能量。那么，在它完成了自己的使命之后，为什么就经济上的状况而言并没有出现任何胜利阶段的迹象呢？我发现不可能马上回答这种反对意见。它也将我们的注意力吸引到这样的事实，即我们甚至都不知道哀伤是通过什么经济手段来完成它的任务的。然而，也许有一个猜测可以在这里帮到我们。每一个单个的记忆和期望情境，证明了力比多对失去的客体的依恋，它们都遭遇到这个现实裁定，即这个客体再也不存在了；而自我所面对的问题似乎就是是否要遭受同样的命运，它被源于要生存下去的自恋性满足的总和说服，去切断与这个已经被废除的客体的依恋。我们可以大概推

---

❶ 指"精神分析性的印象"和"一般经济学经验"。

测，这个切断的工作是如此的缓慢与渐进，以至于到这个工作被完成的时候，它所必需的能量消耗也已经消散了。❶

从这个关于哀伤的工作过程的推测继续下去，并试图对忧郁的工作过程做一个描述，这是很有诱惑力的。在这里，我们一开始就遇到了不确定。到目前为止，我们几乎没有从地形学的角度来思考忧郁，也没有问过我们自己，忧郁的工作发生在何种心理系统内以及哪些心理系统之间。在这种疾病的心理过程中，哪个部分仍然与已经放弃的潜意识客体投注相关，又有哪个部分是通过自我中的认同与它们的替代物联系在一起的呢？

快速而简单的答案是，"客体的潜意识（事物-）表象❷已经被力比多放弃了"。然而，实际上，这种表象是由无数的单个印象（或这些印象的潜意识痕迹）组成的，这种力比多撤退不是一种可以在瞬间完成的过程，而一定就像在哀伤中一样，在这个过程中，进展是漫长而渐进的。它是在几个点同时开始还是遵照某种固定的顺序，这并不容易确定；在分析中，常常可以明显地看到，先是一个记忆被激活，接着是另一个被激活，而且，那些哀叹总是听上去千篇一律，单调得让人感到厌倦，但它们每次都在某种不同的潜意识来源中升起。如果这个客体对于自我来说没有这样巨大的意义的话——由上千的链接强化的意义——那么，其丧失也就不会造成哀伤或忧郁了。因此，这种一点一点地分离力比多的特性，同样可以归因于哀伤和忧郁；它可能是由相同的经济状况支持的，并且在两者中服务于同样的目的。

然而，正如我们已经了解的，忧郁比正常的哀伤包含更多的东西。在忧郁中，与客体的关系并不是简单的关系；由矛盾性导致的冲突使其复杂化了。这种矛盾性要么是气质性的，也就是说，它是由这个特殊的自我所形成的每一个爱的关系中的一个元素，要么，它恰恰开始于一些体验，这些体验涉及失去客体的威胁。由于这个原因，引起忧郁的刺激性原因比引起哀伤的原因的范围要广得多，引起哀伤的大部分原因是一个真实的客体的丧失，是由客体死亡引起的。相应地，在忧郁中，无数的单独的斗争都针对这个客

---

❶ 迄今为止，在精神分析著作中，经济学观点很少受到关注。我想提一个例外，这是维克托·陶斯克（Victor Tausk, 1913）发表的一篇论文，该论文论述的是被补偿贬低的潜抑动机。

❷ "Dingvorstellung"（事物表象）。

体，在这之中，爱和恨彼此对抗；其中一方试图将力比多从客体中分离出来，另一方则维护着力比多的这个位置来对抗攻击。这些单独的斗争的定位不能归属于除了潜意识以外的任何系统，这是事物（things）的记忆-痕迹的范围（与词语（word)-投注形成对比）。在哀伤中，分离力比多的努力也在这个相同的系统中进行；但是，在哀伤中，没有任何东西阻碍这些过程沿着正常的路径通过前意识到达意识。在忧郁的工作过程中，这个路径是受到阻碍的，可能是由于许多原因或这些原因的联合作用。气质性的矛盾本质上是属于被潜抑的；与客体相关联的创伤性体验，可能已经激活了其他被潜抑的材料。因此，所有与归因于矛盾性的斗争相关的一切都维持着从意识层面撤回来的状态，直到忧郁的结局特征出现。正如我们所知道的那样，这包括受到威胁的力比多投注最终放弃了客体，然而，仅仅是为了退回到它在自我中曾经开始的位置。所以，通过逃进自我中，爱避免了灭绝。在这个力比多的退行之后，这个过程变得可被意识到，而且它呈现在意识中的是一种冲突，是自我的一部分与批判性代理之间的冲突。

因此，在忧郁的工作机制中，意识所觉察到的不是这个机制的本质部分，甚至也不是我们可能相信的对这个疾病结束有影响的部分。我们看到自我贬低自己，对自己暴怒发火，我们和患者一样几乎不了解这会导致什么以及它会如何变化。我们会更乐意将这样一种功能归因于这个工作机制的潜意识部分，因为认识到忧郁的工作机制和哀伤的工作机制之间有本质的类似并不困难。正如哀伤通过宣布客体死亡并提供给自我继续生活下去的动机来迫使自我放弃这个客体，同样的，每一次对矛盾的斗争都通过贬低客体、诋毁客体，甚至好像要杀死客体，从而放松了对这个客体的固着。有可能的是，要么在暴怒消耗尽自身之后，要么在客体因没有价值而被抛弃之后，这个过程在潜意识中终止了。我们无法知道这两种可能性中的哪一种是常规的或更常见的导致忧郁终止的因素，我们也无法知道这种终止对这个疾病的未来进程有什么样的影响。自我可能享受于知道自己比客体更好、更优越而带来的满足感。

即便我们接受了关于忧郁工作机制的这种看法，对于我们正在想要找到领悟的那一点，它仍然无法提供一个解释。我们的预期是，在主导忧郁情感的矛盾性中可找到忧郁完成它的进程之后出现躁狂的经济条件；在这一点上，我们从很多其他领域的类比中找到了支持。但是，还有一个事实，预期必须在这个事实面前低头。在忧郁的三个前提条件中——客体丧失、矛盾性以及力比多退行到自我中——前两个可以在死亡发生后的强迫性自我责备中被发现。在这些情形中，毫无疑问的是，矛盾性是这种冲突的原动力，而且有观察表明，在冲突终止之后，什么也没留下，这具有躁狂精神状态胜利的本质。因此，我们被导向将第三个因素作为对结果负责的唯一因素。投注起先是被束缚的，随后，在忧郁的工作过程完成之后，投注变得自由，并使得躁狂成为可能，这种投注的累积一定与力比多退行到自恋相关。忧郁用自我中的冲突代替了针对客体的斗争，这种冲突就像一个疼痛的伤口，需要极其高度的反投注——但再次在这里，最好是有一个叫停，并且推迟任何关于躁狂的进一步解释，直到我们首先有些洞察躯体疼痛的经济学本质，其次洞察与之类同的精神痛苦的经济学本质。正如我们已经知道的，复杂的心灵问题的互相依存迫使我们在完成每一个询问前将其暂停——直到一些其他询问的结果可以有所帮助。❶

---

❶ 脚注补充于 1925 年，对躁狂的继续讨论见于《团体心理学与对自我的分析》(*Group Psychology and the Analysis of the Ego*) 标准版 (1921c：130-133)。

第二部分
对《哀伤与忧郁》的讨论

忧郁、哀伤和反移情

普丽西拉·罗思（Priscilla Roth）[1]

《哀伤与忧郁》是一部改变了精神分析师思维方式的精神分析宝典。虽然它是作为一篇超心理学的论文而写的，但它深刻地涉及情感。通过强调心理不是一元的，它概念化了一个内在世界，在这个世界里，有不同的和独立的自体部分，也有不同的被内化的爱的客体，所有这些都以复杂的方式联系在一起——有时是友好的，有时是强烈敌对的。它引入了这样一个观点，即我们自体的各个部分与我们内化的爱的客体之间的关系的质量界定了我们的情绪、幸福感，甚至我们的性格。

就像莎士比亚（Shakespeare）的《哈姆雷特》（*Hamlet*）一样，弗洛伊德的《哀伤与忧郁》中遍布着著名的语录；我想特别聚焦于其中一个："人们永远不会心甘情愿地放弃一个力比多的位置，实际上，甚至在一个替代品已经向他们招手时，都不愿意放弃。"这是弗洛伊德最丰富的表述之一。多年来，我半开玩笑地向学生们建议，应该用大号字体把这句话装饰在每一个诊疗室的墙上，以便在与每一位患者的每一节治疗中，都能提醒分析师它所传达的信息。"人们永远不会心甘情愿地放弃一个力比多的位置"，这句话是一个支点，它包含了最初隐现在《论自恋》（*On Narcissism*）和关

---

[1] 普丽西拉·罗思是英国精神分析学会的培训分析师和督导，目前是该学会教育委员会的主席。她是伦敦塔维斯托克研究所（Tavistock Institute）的首席儿童心理治疗师，也是伦敦大学学院（University College，London）的精神分析理论讲师。她在多个英国高校任教，著有多篇精神分析论文，也是《承受无法忍受的精神状态：露丝·马尔科姆文集》（*On Bearing Unbearable States of Mind：The Collected Papers of Ruth Malcolm*）的编辑，还和理查德·拉斯布里杰（Richard Rusbridger）一起编辑了《与梅兰妮·克莱因相遇：伊丽莎白·斯皮利厄斯文集》（*Encounters with Melanie Klein：The Collected Papers of Elizabeth Spillius*）。她持续在伦敦进行全职的精神分析执业。

于列奥纳多·达·芬奇（Leonardo Da Vinci）论文中的发现，并提前预告了《超越快乐原则》（*Beyond the Pleasure Principle*）和《自我和本我》（*The Ego and The Id*），它简明扼要地描述了人类本性中最令人困惑的固执。强迫性重复、躁狂性防御、强迫障碍的根源都存在于这句话所描述的行为模式中。

弗洛伊德在《哀伤与忧郁》中极好地告诉我们，通过认同，失去的所爱客体被合并建立在自我之中，以消除无法忍受的客体丧失体验。"客体丧失"（object loss）的意义是重要的。这并不意味着所爱的客体已经死去、离开或者是不忠诚的，尽管其中的任何一种都可能是造成客体丧失这种危险的诱发事件，尽管从心理上来说，这些事情中的任何一件或全部都可能发生过。客体丧失意味着主体与客体的内在联系发生了灾难性的变化。要理解这一点，就必须认识到被内化了的客体对于个体的幸福感和他自我中的凝聚感来说是多么必不可少。弗洛伊德的《论自恋》让我们明白，"失去"一个爱的客体——通过死亡、背叛或失望——对一个人产生的危险主要不是失去那个特定的人、习俗或理想，而是在于这个人对他自己的感觉依赖于他对所爱客体持续的内在依恋感。

弗洛伊德在这篇论文和后来的论文（1917e [1915]，1923b）中明确指出了，对客体的爱，与心理上体验到内在地被这些客体爱和保护之间存在着联系；梅兰妮·克莱因（Klein，1935，1940）继续了对这种联系的探索。当一个人受到失去这种基本依恋的威胁时，首要的心理任务就变成了保持爱的感觉，因为丧失这些感觉会留下孤独和恐惧。对这一威胁的忧郁性解决方案重新安排了对现实的感知，所以当失去外部的爱的客体时——在任何情况下——对内在客体关系的依恋得以维持，即使这需要客体改变它的外部身份。也就是说，只有外部客体发生了变化；力比多的位置、与内在客体的关系模式，均保持不变。

在分析中，患者受到强烈情感——爱和恨——的支配，这些情感指向他的分析师：这种依恋就是移情。也许有一天它会变成别的东西：感激、羡慕、欣赏真正的品质和真正的帮助。但长期以来，这些感觉，无论多么强有力，都是一种不放弃熟悉的力比多客体的方式，也就是说，爱分析师是患者重新组织现实的方式，所以，当客体改变了它的外部身份时，熟悉的爱仍然存在。恨也是如此——患者对其分析师的恨总是深深植根于他对最初令人失望的客体的恨之中。主观上，患者的体验可能是"我对母亲没有任何感觉，我爱你"。但我们知道，不仅是对母亲——意味着原始客体——的某些感受被置换到了分析师身上，而且被置换到分析师这个人身上的依恋是既固执又肤浅的。海伦妮·多伊奇（Helene Deutsch，1930）的患者是一个很好的例子，她显然经历了母亲的死亡和后来被她深爱的姐姐遗弃，当她的小狗又被杀死时，她失去了理智。内在客体关系是恒定的——其外在表现是变化的。

当这种情况发生的时候，对这个替代客体——事实上是对每个替代品——的爱不是因为新客体的独特品质，而是因为这个客体关系很好地替代了原来的客体关系，爱的丧失始于最初的失望，又为了避免体验到丧失而被重新建立起来。这种情况越严重，与替代客体的联系就越牢固。同样明显的是，因为客体对于主体来说失去了它们的独特品质，它们就变成了同一主题的变体——不变的原件的重复例子。因此，与其中任何一个的联结都是肤浅的，任何一个特定的人在心理上被取代都是相对容易的。

对分析师来说，与患者的关系也代表着丧失的客体关系：一个与他的儿童自体的关系，但也是一个与父母的关系，需要照顾和治愈他们的不幸，或者因为他们的失败而被惩罚；或两者兼而有之。分析师希望被他的患者爱，但事实是，他在很大程度上是一个移情对象，分析师的愿望和事实之间存在着冲突，这意味着患者对他的看法与他的真实情况只有部分联系。分析师经常被要求允许自己成为患者所认为的那样——这通常意味着暂时接受一个对他自我感觉不利的角色。如果我们能允许自己的"角色实现"（role actualization），用桑德勒的话来说，我们就能有意图地去理解患者的内在关系。这经常，有时是长时间反复地，要求我们去进行哀伤，而我们的患者被锁在忧郁的体验中，无法进行哀伤。

没有人会心甘情愿地放弃一个力比多的位置（注意，弗洛伊德并没有写"一个力比多客体"），在这个想法中固有的和隐含的理解是这样的：在分析中被转移的不是一个单个的客体或一个分离开来的客体关系，而是被称为"总体情境"的东西（Klein，Joseph）。同样重要的是要记住，保持相同的力比多位置并不意味着在位置内部保持相同的定位：投射、内射、认同和投射性认同的过程使主体把自己从结构中的一个位置定位到另一个位置又由此脱位。

最早的力比多关系中的某些东西——既有爱也有恨——总是在移情中发生，因此在反移情中也一样。这是毫无疑问的。问题在于我们是否有能力去理解这些最原始的关系在任何特定的分析中表现它们自己的方式。我们的反移情体验和一些工具能帮助我们理解这些体验，这些工具包括：分析情境提供给我们的结构、我们作为分析师的角色，以及那些丰富的理论，这些理论阐释和理清了我们正在参与的体验。

在一篇有关《哀伤与忧郁》的迷人讨论中，伊涅·索德（Ignês Sodré，2005，p124-141）描述了忧郁的"伤口"是如何体现一个似是而非的情境的：一方面是对丧失的爱的关系的强力的、忧郁性的渴望，另一方面是折磨人的、囚禁式的与客体之间的捆绑——一个"伤口"，被无情地折磨和指责。我要讨论的分析就有这些特点。在这种经常令人困惑的分析中，所发展出的特殊反移情反应和活现成为我去理解这个似是而非的痛苦情境最重要的指南。

临床材料

这些年来，我对许多年轻女性进行了分析治疗，她们都很有魅力，也很聪明，年龄都在 30 多岁，她们害怕发现自己身上那些阻碍了她们与男性建立有意义关系的东西。我渐渐感觉到，她们每个人都被一种早期力比多联结束缚阻碍了，而又不能放弃这种束缚。

在 K 30 岁出头开始接受分析的时候，她有过几位男朋友，但这些关系都没有持续下去。她害怕自己会永远不能结婚生子，永远不会"正常"。

她是一家老牌公司中的律师，长得漂亮，来自一个富裕的家庭。她记得父母经常争吵，他们在她上大学时离婚了。她报告说自己是一个很难相处的孩子：她会乱发脾气且无法控制。她的父母被她弄得很困惑，不明白她为什么不结婚。她的父亲虽然为她的分析付费，但却蔑视这件事。她有一个小三岁的妹妹。

第一年，K 只表达了对这段分析的积极感受，经常说她取得了多大的"进步"。她之前曾经做过一次不成功的分析，但她认为这次新的分析充满了希望。从一开始，她的材料就显示她是非常自恋的——她对自己的感受发表了长篇大论，非常空洞，几乎没有内容："一开始我感觉这样，然后我感觉那样，当我感觉这样时，它让我感觉如此这般。"例如，她从来不描述她看过的一部电影，甚至连电影的名字都不提，以免我对这部电影产生兴趣。第一年之后，这个情况发生了一些变化，因为她对分析结构中的休息中断或偶尔改变变得很生气——偶尔发生的治疗时间改变激怒了她，她对她所认为的常规分析性实践中的任何改变都是如此："其他人的分析师不会在复活节前一周休假，他们都是在复活节后一周休假。"

在最初的两年里，她偶尔会约会，也有过一些性关系；这些对她都没有特别重要的意义。在分析的第三年初，她和一名年轻男性 B 有过一次约会，这次约会他们一起度过了一个周末。她很高兴，并且报告说她觉得自己恋爱了。然而，没过几个星期，这种被吸引的感觉就转变成了抱怨、要求和对自己权利的主张，她也害怕他会离开她，这两种状态交替出现。在那个令人兴奋的周末过后的第三周，患者被 B 想要花时间和朋友们在一起的想法激怒了，她把这看作是不"承担义务"；她不断地唠叨着他，越来越抱怨他抽烟、不整洁、没有驾照、回复她的短信不够快、没有像她朋友的男朋友那样"绕着车走一圈并为她打开车门"、不得不做那么多工作，以及不带她去浪漫地度假。他现在是她的财产，被预期可以为她提供一段"关系"所需的一切装备。从这一刻起，我很少听到她说认识 B 的乐趣、和他在一起的快乐，或者任何他特有的可能会让她感兴趣或高兴的事情。她始终从"一个男朋友"或者"一段关系"应该是什么样的角度来描述他；他唯一的作用是做一个仆人，他的工作就是把"有男朋友的体验"像放在托盘上一样带给她，仿佛这是她应得的。当他偶尔反抗和生气时，她来到治疗中，就会因为自己"做得太过分"而感到绝望，希望有人帮助她控制自己的行为。这种情况从未持续太久；几分钟之内，她就会找理由为自己对他的攻击辩护，并进一步挑他的毛病。

我的角色纯粹是根据我对"这段关系"的有用性来被定义的。她经常把我和她的这个或那个女性朋友搞混在一起，她用同样的方式和她的女性朋友讨论这段关系，并要求我像她的朋友们所做的那样给她建议或安慰。"佐伊（Zoe）认为我应该给 B 打电话，尽管他还没有给我打电话。你觉得怎么样？"我尝试探索我们之间发生了什么，但遭到了拒绝，而且如果我坚持下去，还会遭到蔑视："我对你不感兴趣，我只对我的关系感兴趣。"这是持续的且不动摇的。结果就是，剥夺了她自己和我的任何深度：为了维系这段"关系"，她会让自己变得肤浅和愚蠢，这摧毁了其他的一切，而且她什么也不想从我这里得到，除了让我建议她应该如何处理这段关系。她同样将 B 的作用缩减了，B 的特质被局限于能否扮演成她所认为的在"一段关系"中应该成为的样子，而且，因为没有提供她理想中的关系，B 与她一起活现了这种关系的另一面——以批评、失望和失败为标志。

正如弗洛伊德在《哀伤与忧郁》中所描述的，忧郁体验的双重性质包括对失去的客体关系的压倒性渴望，这个关系被感受为是理想的且不可替代的，同时还包括对客体的憎恨，因为它否定了一个人所渴望的关系。失去理想化的客体会带来难以忍受的痛苦，看起来似乎只有通过恢复失去的关系才能缓解这种痛苦。弗洛伊德的天才之处在于，他明白对于忧郁症患者来说，这种恢复是通过认同过程在精神上完成的——我们变成了我们原本失去的东西。所发生的认同——为了否认丧失——是对这个客体两个方面的认同：理想的方面和可恨的方面。在 K 的例子中，患者认同了一个客体，这个客体同时被体验为是苛求的、顽固的、克制的、令人恼火的和令人沮丧的。她头脑中的一切都围绕着这一点——在她的生活中和分析中，活现了一段既耗尽一切又充满失望和强烈感受的关系。

一些资料将显示这是如何在分析中表现出来的：

有一天，我跟她说到了要提高治疗费用。第二天，她回复了。

"我真的不想再做分析了。不想一周四次。我只是发现我不想起身并到这里来。大多数时候我宁愿睡觉。我想每周来一次。如果我感觉不好，我希望能来……但并非一直如此。我曾经感觉很糟糕，需要来得更频繁。现在我不需要这样了，我开始分析是因为我想有一段关系——嗯，现在我有了一段关系，我只想过我的生活，不必一直分析我自己，就是过普通的生活。像正常人一样。"

很明显，提议提高治疗费用伤害了她的感情。这个费用——以及提高费用——代表的是把她排除在外，把她的角色和我的区别开来，把她的位置和我的区别开来。她将此体验为是一种驱逐——残酷地丧失了对客体的控制，在这种方式中个体感受到被威胁，即不得不认识到我们之间是不同的、彼此分离的，认识到这会使她的自我感觉丧失；相反，她把我的一个特殊形象合并入她自己内部，就好像变成了我的样子：她认同了一个冷酷的、不可得到的客体，并且变成了一个没有任何需求的、拥有所有想要的东西的人。与此同时，她把她所有的不足感和毫无价值感都投射到我身上。一旦这种情况发生，她为什么还要找我来做无用的分析呢？随着客体丧失而来的是对所爱的和所憎恨的客体的认同——弗洛伊德描述了这个过程。患者把分析师拉入她原初力比多关系的活现中。在这种情况下——我提高了她的治疗费用/她受到了伤害＝她是冷酷的和自鸣得意的/我受到了伤害——关系：主体对客体——孩子对父母——保持不变；一方是无用的恳求者，另一方是冷酷的、顽固的客体。不管怎样，两者之间的关系是剥削性的、无情的，但基本的关系保持不变。

这是对忧郁的双重认同——一方面，接管了渴望的客体的特质；另一方面，把不想要的无价值感投射到客体内部，这个客体被那个不被爱的自体认同。

忧郁症是一种自恋状态；在忧郁症中，对客体的憎恨是由于它与自体的分离。所以，当 K 将我合并并且认同我的时候，她合并和认同的是我的一个形象，这个形象最令人向往和羡慕的特点就是我可以轻易地拒绝和离开。

但这只是忧郁症的一面。

那天晚上，患者做了一个梦，她在第二天的治疗中报告了这个梦：

"我来这里参加治疗。也许是在夏天，因为天气温暖又晴朗。建筑物的四周都是水，有一个大湖和一个美丽的花园——一道美丽的风景，比实际的空间大得多。我得爬上一个梯子才能走到门口，那里有一个滑轮系统，它把我拉到湖上，就像拉过护城河一样。在门口，有三个姑娘走了出来——她们刚才和你一起在诊疗室里。她们说："她在批改你的一篇论文——她的桌子上有你的一部分作品。"我意识到她们只是被督导的人，她们认为我也只是一个被督导者，她们不知道我在做分析治疗。当我进去的时候，你非常温暖、友好、和蔼地打招呼说'K'，你给我看了花园规划的图片。就好像我们是朋友一样。"

这是忧郁症的另一面——一个她没有被排除在外的、理想化的地方的梦幻记忆；相反，在这个地方，我伸出双臂，把她像一个小婴儿一样抱起来，越过所有的障碍，把她带到我身边，我把她放在桌子上，放在我的脑海里，始终如一。在这个地方，她不会有一周四节赶来赶去的普通治疗，而是一节永远在我心里的、永不结束的治疗，在这节治疗中我带她参观美丽的花园，仿佛我们是朋友，永远都是。这是一幅理想化的画面，一个理想化的关系；但这正是她感到已经失去的和极度渴望的东西，也是她注定要用一生去拼命争取回来的东西。

这种对所失去的，而且感觉完全是快乐和幸福所必需的东西的渴望是前一天接收的冷酷和无情的另一面：患者只能通过合并和认同被体验为顽固的和不可得到的客体，从而在内部维持平衡。因此，认同使一种不可能的状态似乎成为可能：我是这个客体，我没有失去客体，我与客体并没有分离。我是这个客体。

既然唯一可以忍受的状态是与客体完全没有区分的状态，那么治疗费用提高就会让人感觉是灾难性的。她感到一个残酷的、惩罚性的客体把她推开了，因为她是一个失败者。就好像她听见我说："你付费，我接收，因为我有令人向往的、有价值的一切，而你却一无所有。" 这个版本的客体——残忍的、自鸣得意的、惩罚性的——就是弗洛伊德（1914c）所称的 "特殊的精神代理"（special psychic agency），也是变成超我的东西。K希望自己和我无二无别，她处理愿望幻灭的方式是认同她的残忍的超我，把蔑视和轻视转移到我身上，把我看作是感觉可以被随意处置的那个人。

这种"有人总是试图想要进入，但总是被无情地排除在外"的模式——在她的历史中有其根源——在分析中一次又一次地出现：我试着和我的患者接触，她是顽固的，似乎使她自己的思想和我的思想都失去了独特性和意义。我所做的每一件事都只能根据——有助于或干扰了——她的"关系"来被评判。（举个例子："你昨天在这么短的时间内就走了，这在整个周末都影响了我的关系，一想到这一点，我很生气。我心情不好，被B激怒了，我知道是你的错。如果我不做分析了，就不会有这个问题了，不是吗？"）在这一段时期的反移情体验是，任何可取的品质都被清空了。患者坚持认为我对于她没有独特的价值，她对想法或洞察力也没有兴趣，而且，在她面前，我经常感到我的所有思考或反思能力都被摧毁了，只剩下一种想要反击她的原始冲动——用她反击我的解释的方式反击她。大多数时候，我实际上并没有活现这种冲动，但它经常出现，而且有一段时间我对自己精神分析性身份的认同——作为一个精神分析师去感受和思考的能力——失去了信心。

下面的材料展示了我所描述的互动。（我把我的反移情体验标注在括号里。）

暑假结束后，K述说事情一直都很糟糕，"我们分开了"。她对B很不好，对他挑剔又讨厌，经常拿他和别人的男朋友比较，觉得他不够好。

她说，昨天他们几乎走到了尽头。星期六，她妹妹生了孩子。

"我们昨天去医院看他们了。B和我都出生在这家医院。我对B说：'我们也出生在这里，这不令人惊讶吗？'他说：'是的。'但他似乎对此不太感兴趣。哎呀，我简直疯了。我们进去见了我的妹妹、妹夫和小婴儿——他们在那里，和他们的宝宝在一起；我的妹妹现在有两个孩子了！！而我非常愤怒！我恨B。后来我告诉他，他不是我想要的那个人，他不够好。"

我对K说，我认为在医院看望新生婴儿的体验就其本身而言既让她心烦意乱，而且还有力地代表了她频繁经历的一种体验：在她的内心深处总有一幅画面，那是她真正想去但又到不了的地方，它实际上被定义为她不在的地方。我说，母亲、父亲和婴儿的画面——她不得不在一旁看着，感觉自己完全被遗忘了——是可怕而痛苦的典型画面。在这背后，她想到的画面是，我在度假，不记得她也是在这里出生的——不记得她是一个被宠爱的婴儿。当她感到如此被遗忘、如此心怀嫉妒时，不管B的表现如何，在她看来，他都不够好。（作出这个解释，我对她感到同情和怜悯。）

K立刻说她没有理解。去看望婴儿的事情昨天才发生，但整个假期她都很糟糕。

我又解释了一遍，这只是一种表现……即在整个假期中，"我们是分开的"，这种感觉就像是不得不在她的脑海里注视一个幸福的家庭。我还提到了她的父母和她的宝贝妹妹——注视着这个新出生的婴儿，这些曾经具有威胁性的感受又被带回来了。

（再一遍的解释让我觉得不太舒服；我担心她的问题是不诚实的，也担心她变得难以接近，而且我想或许我没能成功地让她参与到我们能够相互理解的谈话中。）

她回答说："但是我怎么能对总是互相吵架的父母有那样的感觉呢？"

（这熟悉得让人心酸；K会提出一些吹毛求疵的问题，在这个过程中，问题本身与兴趣或好奇无关，相反，让人感觉像是专门设计来把我挡在门外的争论。我发现自己笨拙地试图回答她的问题，去作解释。这感觉是错的，而且我感到我们之间失去了有意义的交流。）

这就是我想要说明的反移情体验。在这种状态下，我被困在了一个狭小的空间里，发现自己不得不向她解释"内在世界"——这个婴儿与父母在一起的场景的呈现方式象征着一种长期的痛苦——以及当我这样做时，就好像房间里没有其他人能理解我在说什么。当我继续试图"解释"她为什么会觉得去医院探访如此令人不安时，我也开始表现得好像没有发生过什么重大的事情似的：我们之间失去了意义，失去了联系。当这种情况发生时，我们都无法在一个有丰富接触和思考的世界里相互联系，我们都被留在了一个具有特定意义的狭窄范围内。对患者来说，失去的是对一个客体（这里是分析师）的真实体验，这个客体能听到她说的话，听到"我也出生在这里！"理解她可怕的嫉妒和妒忌——实际上，是与她结成一个"我们"。相反，我们互相攻击，也没有任何联系。

过了几分钟，她说："这个周末我是嫉妒 L（她的朋友）的……事实上，是嫉妒得发疯了。"L 的新男友"迅速带 L 去了布拉格的一家豪华酒店度假。这一切都是他计划的！"她对 B 说："你从来没有这样做过！"她被嫉妒压倒——认为自己无法再忍受了，无法生活下去了。这里有一个长时间的停顿。在假期里，她一点也不爱 B，甚至不尊重他。她不得不装样子。停顿。"那么，你刚才说的和那个有什么关系呢???我的意思是，为什么我一点也不尊重他呢？"

再一次，有一个时刻我理解了——她告诉我，她是能够察觉到嫉妒的存在的，也能察觉到它是多么强大——这种力量是如此强大，她被嵌入嫉妒的感情中，以至于她在假期里无法爱上 B。（"人们永远不会心甘情愿地放弃一个力比多的位置，实际上，甚至在一个替代品已经向他们招手时，都不愿意放弃。"）但当她体验到她的一个愿望是希望我帮助她理解这一点时，她立刻对我被给予的特权地位感到嫉妒和妒忌：就好像我现在是那个幸运的人，就像 L 被她的男朋友"一下子"带去了某个迷人的、令人羡慕的地方。所以她返回到熟悉的位置，在这个状况下，我被锁在了她沉思的头脑之外："那么，你刚才说的和那个有什么关系呢？"而且我突然被指控并被追究责任。

这是一个在分析过程中反复出现的模式：我感觉自己被反复转移到一个无法接近她的薄弱点，然后她也无法接近我，我们只能相互对对方失望。在这些时刻，我的工作就是一遍又一遍地做她的哀伤工作。我常有的体验是，感觉找到了一个可以倾诉、可以理解、可以被理解的对象，然后又失去了它。失去它之后，我常常被拉入对患者投射于我的内容的认同中；我反复体验到一种失败感、无用感、被抛弃感。每一次，哀伤的工作都包括，忍受这些投射，然后把我自己从中分离出来，并再次找到我自己的身份认同。

患者对于在医院看望这对夫妇和小婴儿的描述，以及以下关于 L 和不能在假期爱上 B 的材料，其中确实有内容和意义：嫉妒，她察觉到这种感觉并感到极度痛苦，她还觉得他人拥有过一些体验，而她只能去模仿这些体验。这些材料源于一些感受，这些感受是真实而有力的，非常不同于"那和你说的有什么关系？"

是什么导致了如此戏剧性的变化？患者渴望与一个爱的客体接触，而这个客体被体验为丧失了的——失去是因为它是有限的，因为它不是她的（非-她的，not-her），因为它在每个方面都不完美。但是，任何当前的接触体验都立即被对实际客体的憎恨打断，因为在那一刻它是令人向往的，也被认为是有限的、非-她的、不完美的。这种双重认同的行为——她是令人向往的客体，而我可被随意对待处置——使这种不可能的情况对她成为可能；这是一种躁狂的防御，将她"飞快带离"丧失而走向胜利。

与一个被完美拥有的客体有完美的关系是不可能的。我们在理论上都知道这一点，但我们都在与这一无法改变的事实作斗争。这就是弗洛伊德所坚持的精妙观点：我们不会轻易放弃我们最初的爱和原初的力比多联结。只要我们不放弃它们，我们就无法从新的联系和关系中获益，无法去享受，无法从中学习。放弃我们最初的、理想化的爱是一场漫长而痛苦的斗争，需要忍受难以承受的感受：软弱、依赖、羞辱以及独处的恐惧。

一段时间后，在一个三周假期前的两周

患者每周有四节治疗——从周一到周四。不寻常的是，她已经连续取消了两次星期一上午的治疗。

当周二来治疗的时候，她报告说度过了一个悲惨的周末，她现在感到自己郁闷、刻薄以及心胸狭窄。她报告了一个梦。在这个梦里，她和

B 带着她妹妹的两个幼小的孩子上床睡觉。他们全都在床上,这非常非常好。

她补充说,在她来分析的路上,她总是看到女人坐在大车里,带着孩子。她为什么不能像她们一样幸福呢?她们看起来总是如此快乐。她对自己的生活感到厌倦,对 B 也受够了。有时她觉得自己一个人会更快乐。

这个梦就像她来到田园风光中的诊疗室的那个梦一样。这里是关于大人和孩子们都在她的床上,都很快乐。就像田园风景的梦一样,这个梦关于一个她感觉永远失去的东西,与这个东西相比,其他一切都是令人痛苦失望的。这个梦——和孩子一起躺在床上——也是一个针对医院经历(她在妹妹生完第二个孩子后去探望妹妹和妹夫)的梦式解决方案(dream-solution)。当时她曾经对 B 说"这不是很神奇吗?我们也是在这里出生的!" 我认为这句话意味着"我们"是婴儿,"我们"是夫妇,"我们"是在这里出生的!不只是妹妹的孩子。这并没有起作用,因为在没有回应的情况下,B 似乎在说:"我不打算加入你的行列,不存在'我们'了——我不像你那样想——我就是我,你就是你。" 在这个新的梦中,她不仅和 B 一起取代了妹妹和妹夫,象征了拥有新生婴儿的父母,象征了她的妹妹,而且她和 B 也是她带到床上的孩子。所有的嫉妒、妒忌、被留下和独处的感觉都被这个梦驱散了。

当她在一周后回来时,她非常生气:

"你周四说的话真让我生气。我又睡不好了。你说我感觉支离破碎是因为我错过了上周一的一节治疗和这周的。这实在是愚蠢。这么说是一件愚蠢的事。"

(这不是我说过的话,而且我想她对此是知道的。我感到在一个熟悉而又不舒服的地方。)

忧郁、哀伤和反移情

我说:"听起来在你心里,这好像变成了我说过的话,虽然这不是我说的。"(这是一种可悲的反应——一种试图重新开始的无力尝试。)

她说:"我知道……你说过,这是因为你也在休假。这让我更加恼火。你是在说我睡不好、感觉不好是因为你做的事情。你总是从这里出发讨论事情,好像我在分析室外根本没有任何生活。也许你认为这是你的工作。这真是愚蠢。而且结论很明显就是不要再来了;如果分析是我的问题,为什么还要来?我不来就能解决我的问题。"

(我感到恼怒和受限制,想和她争论,说"我没有那样说"……我以为她知道的不止这些,感觉她就像在玩一个不能通过的游戏。我感到被玩弄、被猛击、不被允许和她有任何接触。)

"当你说这些话时,你应该想想对我的影响。我周四离开,你告诉我上周一和这周一的缺席都是我的错。你的工作就是让我感觉好点。如果你说的是真的,为什么我周四、周五睡得很好,而周六、周日、周一却睡得很糟糕呢?这怎么讲得通呢?我没觉得你说的话令人有兴趣……我对分析不感兴趣。"

(我不得不考虑,也许我一直在对她解释,却没有考虑我所说的话对她的影响。但在我对周四的记忆中,我一直对她感到同情,非常努力地与她建立联系,没有感到生气。我开始想,"不管怎样,她现在说她星期四和星期五睡得很好……这怎么说得通呢?" 我意识到现在我的想法和她一样,想要为自己辩护,想要在她说的话中挑毛病,而且我意识到我已经不知道自己是谁,也不知道如何去思考这个问题。)

我提醒她之前的几个星期,那时她是有兴趣的,并说过她的兴趣发生了变化。(在这里,我试图与患者的一部分建立联系,她这部分对自己了解得更多，当然，我也试图找到我自己作为她的分析师的另一部分。）

"我已经很久没有这种感觉了。"她停顿了一下，"我过去认为你是极好的。你完全理解我……所有我曾经想要的。"然后她又说："你怎么解释这个?！"

（这最后一句——"你怎么解释这个?！"带有嘲弄和胜利的意味，似乎要反驳我想与她建立联系的企图以及她一秒钟前可能想起的任何事情。当她记起"我过去认为你是极好的"时，她就柔和了一些，触及了一会儿不同的感受。但她马上重提这个话题，"你怎么解释这个"。）

我想试着描述一下我认为发生了什么。我想，上个星期的梦困扰了她，而对这个梦进行的分析工作也触动了她。但不可避免的是，周末到来了，这次因为她取消了周一的治疗而使间隔时间更长了。我想她周末的经历就好像是我把属于她的某个东西从她那里扯开了一样——就像一位母亲突然出乎意料地把乳头从婴儿嘴里扯出来一样。在这节治疗中，她再次认同了这样一个虐待性的客体——每次当我觉得自己有一个可以立足并对她说话的空间时，她都会把它从我这里扯开，不允许我接触到她。我被留在外面，尝试着进去。我就像一个婴儿，因为失去了一直紧紧抓着的东西而崩溃。

这是一个痛苦的处境，因为缺乏联系，我的感觉再次混合着刺痛的恼怒和悲伤。我的以有帮助的方式进行反应的能力完全取决于我对失去联系再次进行哀伤的能力。这涉及接受患者的投射——我是一个被抛弃的婴儿——然后把自己和它分离开，并找到作为她的分析师的身份认同。

被患者的投射推动，感受到她必须摆脱的愤怒和羞辱，我作为她的分析师的角色结构以及理论体系，尤其是弗洛伊德对此类事件的深刻理解，帮助我避免去活现令人厌恶的/憎恨的关系循环。

几分钟后，我试着和她谈了这其中的一些东西。我说，我的印象是，好像我被困在一个很窄的壁架上，我根本不能和她有任何联系——不能进去，不能感觉到我们之间有任何真正的理解……她把我推开了，以至于我无法触

及她。我们只被允许有最少的接触，没有深度，她的心灵封闭了，好像不希望我们之间有任何理解——对于我是去理解她，或对于她是去理解我。

她沉默了一会儿，然后说："这就像我父亲。他的行事就是那样的。没有联系，他不允许。这就是和他在一起的感觉。他只说陈词滥调。还有我妈妈……只有需求。"她停顿了一下。"我父亲要搬家——30年过去了，我长大的那所房子已经被拆除了——他们正在这片土地上盖新房子。房子没了。这是非常奇怪的。他说，这对他来说是一个困难的时期，但他只说陈词滥调：'这对我来说是一个非常有情绪的时刻。'毫无意义。"她沉默了一会儿。事实上，她说，她今天心情很好。不是在这儿——她来这儿后就一直心情不好——但她早上醒来时心情很好，即使她睡得时间不长。周末的时候，他们把B的东西搬进了她的公寓——面包车来了，把所有东西都送来了。星期六，他们把他的东西收拾好。这很有趣。那里仍然有很多垃圾……盒子和东西。但是他们收拾了很多。星期天他们去参加了婚礼——然后昨晚回来了……她对假期感到兴奋，但对飞行却不感兴趣：先是一次长途飞行，然后是两次国内短途飞行……她害怕短途飞行。

我说，我认为我所说的对她来说很有意义，也认为她除了谈论她的旅行外，还描述了一种似乎已经发生的变化，在这种变化中，她的思想实际上可以移动和旅行了。我觉得这和她在这节治疗较早些时候的状况很不一样，即她的想法现在似乎能够摆脱单调、肤浅以及回击。她现在想到了她的父亲和母亲，想到了搬家，想到了收拾东西，想到了旅行，想到了这一切会变成什么样子……她的心灵和思想似乎更自由了，有了更多的可能性。我以为她心里能给我腾出地方来，就像她在公寓里能给B腾出地方一样。

她停顿了一下，然后说："我今天要和人力资源部的一位女士见面。她是一名心理治疗师。她显然很古怪。E说这个女士会给我督导。这是很奇怪的。"然后她又谈到了旅行，她说希望自己能待在一个地方。

我说，我认为她会觉得自己的内心发生了一些事情是"非常奇怪"的，她感到更自由，更不受限制，不用她来承担责任、作预测或作解释。我认为她不知道对此该怎么想，并觉得这很"怪异"。

第二天，她说她对 B 很生气。她下班回到家，发现他没有搬动过任何她要求他扔掉的箱子。

"他没有为我们做任何事。"她喊道，"他会为自己做各种事情，他会整理他自己的房间，但他会把盒子留在房子周围……他从不考虑到我们。要么他应该去挣钱，并且开车载我到处转转，要么他必须帮我打扫房间。他必须做这其中的一件事。他必须是一个搭档。"

发生了什么？在前一天的治疗中，患者的情况再一次瞬间发生了变化。虽然很短暂，但这是一种转变：她变得更容易接触、更开放，思维是活跃的、有连接的、灵活的。她可以更自由地追随自己的想法，并愿意与人交流这些想法。但是，她发现很"怪异"的是，这种变化并非她所要求的，"奇怪的"是她觉得我有东西可以教她。

在周二的变化之后，这种"为什么他不能考虑到我们"的材料出现在了周三，又回到了旧的不妥协的力比多位置。周二，即使只有几分钟，她还是希望自己是被理解和有接触的。这种愿望丢失了，一方面是因为它很奇怪且无法控制，另一方面也因为它被打断了——这节治疗的结束——她返回到了她的默认位置："你从来没有照顾过我们。"

我想说的是，在她体验到接触的那一刻，她也将此体验为是怪异的和奇怪的——她短暂地从坚决上演原初力比多关系的自恋状态中出来，进入到与一个真实客体的真实关系中。然后那一节治疗结束了，因为在这个阶段，患者还不能感觉到她可以和我保持内在的联系，那一节治疗的结束意味着她没有地方可去，也没有办法保持更自由的心理状态。

对于我们的许多患者来说，忧郁性的解决方法（包括合并和认同、投射和躁狂状态），是他们唯一能使不可能的情况变得可能的方法：我没有失去客体，因为我就是它。哀伤——一个漫长的过程，在这个过程中进展是一点一点、一阵一阵地发生的——最终允许自己接受痛苦的分离现实：我不是那个客体。为了接受这一现实，我们需要逐渐认识到，我们作为与我们的客体分离的个体可以生存下来。

我们都需要获得帮助才能做到这一点，特别是当我们处于自尊和自我认同感受到威胁的情况下。当我们的患者推动我们与他们一起去活现他们的早期客体关系时，我们分析师需要获得帮助，从而把自己从这种活现中抽离出来并进行思考。在对 K 的分析中，哀伤的过程不断发生：每次我给她一个解释，她维持了一会儿联系，然后又失去了联系，我感到恼怒、抑郁和失落。然后，我不得不通过哀伤的过程将自己从这种状态中解放出来：我不得不放弃我一直所处的位置，并重新定位自己，这样我才能再次开始像她的分析师那样思考。

在分析中的这些时刻，我们分析师有自己的角色结构和分析设置来帮助我们回到分析性的自体；我们也可以调用从自己的体验中学到的东西。我们拥有最终变成一套内化的理论体系的东西，尤其是关于《哀伤与忧郁》及其衍生著作的观点。

患者没有这些。所以她需要我的帮助，不是扶她越过障碍，而是帮助她面对它们，并从理解其观点的角度在她这么做的时候陪伴她，然后帮助她看到更多关于它的东西。这既包括在困境中对我的患者的认同，也包括之后的分离，不变成患者投射到我身上的那样，回到作为她的分析师的分离状态，和她谈论我们都知道的体验。

正是分析师对她进行工作的这种体验，可能使她逐渐地、一点一点地摆脱忧郁性的解决方案——对理想的坚持和对客体的认同，并开始体验和内化一些对她的发展更有帮助的东西。

为"失踪的"人哀伤

玛丽亚·露西拉·佩兰托❶（María Lucila Pelento）

在所爱之人去世后，忘记——正如布兰肖（Blanchot，1962，p87）对它的称谓："潜在的礼物"——需要一个特定的过程才会发生，这是精神工作的一部分，弗洛伊德称之为"哀伤工作"（*Trauerarbeit*）（Freud，1917e [1915]）。它开始于承认死亡现实，这是触发哀伤过程的一个不可避免的条件。这种承认需要收集"所看到的"——目睹了所爱之人的疾病和/或死亡；"所听到的"——死亡也被谈论了，或者仅仅只是被谈论了；以及"所认可的"——通过在特定时间点上常见的各种社会习俗活动。

"精神对哀伤的违抗"——正如弗洛伊德在《论稍纵即逝》（*On Transience*）（1916a）中对此的描述——立即被感受为一种强烈的愿望，即希望死亡没有真正发生。

在震惊状态下，尤其是在意外死亡的情况下说出的话，如"我不能相信""这不可能是真的"，表达了否认死亡事实的需要，显示出拒绝放弃之前带来快乐的客体。这是一个波动的过程：主体交替地相信和不相信死亡的实际现实。然而，一旦事实变得绝对不可否认，上述所有成分的汇合就会通

---

❶ 玛丽亚·露西拉·佩兰托是哲学教授、医学博士和精神分析师，阿根廷精神分析协会的成员。她是《布宜诺斯艾利斯参考》（*Referencia Buenos Aires*）的联合创始人，专长于对儿童和青少年治疗的理论和实践。她获得了2004年的海曼奖（Hayman Award）和2006年的科内克斯（人文学）奖（Konex Award）。她还组织研究了阿根廷国家恐怖主义的各种影响，例如，为失踪者哀伤、儿童被绑架和赎回对其身份和归属感的影响、创造新的社会神话、社会链接的中断及身体和其他表面上的标记、对AMIA爆炸事件受害者的调查、对被剥夺自由的青年和目前被社会排斥的受害者实施的实践调和。

过撤回对客体的投资来限制主体接受现实的证据。但这是一个极其困难和痛苦的运作。主体远离现实，从现实中抽离所有的兴趣，同时强烈地投注于链接客体的每一个记忆。这种撤回到与内在客体最亲密关系的退避，这种过度投注的活动，是绝对不可或缺的，因为自我通过它试图弥补所遭受的力比多丧失，但失败了。在哀伤的最初阶段，这需要一种功能性的自我分裂，因为尽管自我的一部分从其他兴趣中撤出，但与内在客体保持着强大的关系，一旦最初的震惊结束，另一部分必须继续完成一些日常的活动。这种分裂将导致不同的结果，如果它持续，哀伤工作就会发生并逐渐分解；如果它变得更强烈，哀伤被包裹在自我的一部分中，就会对丧亲者或他们的后代造成影响。在其他时候，缺少这种分裂可能是演变为忧郁的迹象。

从每一个与客体联结的记忆中慢慢分离出来使自我充满了痛苦——一种弗洛伊德称之为"谜一般的"（enigmatic）感觉。这种感觉的参照和模型——躯体的痛苦和战争的痛苦——可以在弗洛伊德的所有著作中被找到（Freud, 1905e [1901], 1914c, 1920g, 1924c, 1950 [1895]）。

哀伤的过程也意味着一项艰巨的任务：试图修通他人的信息（Laplanche, 1990）。试图找到有关逝者想从丧亲者身上得到什么的线索，这意味着不仅要理解逝者的意愿，还要理解他/她的授权。这些授权包含了要遵循的理想模型的表征和/或欲望、禁例、规则。

通常情况下，哀伤的工作会结束——尽管不会完全结束：悲痛会被平息，对逝者的理想化、内疚及其授权也会被平息，所以有一些效价仍然可以自由地投资于新的爱的客体。于是，一种特殊的遗忘方式出现了：一个人记得，但没有这些记忆造成的最初那种撕心裂肺的悲痛。如上所述，这种对客体的去-投注（de-cathecting）从来都不是绝对的：客体的一部分仍然存在于自我中，导致了多重的认同。因此，哀伤工作有第二个阶段，是以去-认同（de-identification）工作为特征的（Baranger, Goldstein & Zak de Goldstein, 1989）。巴朗热（Baranger）、戈尔茨坦（Goldstein）和扎克·德·戈尔茨坦（Zak de Goldstein）在他们题为《关于去-认同》（On de-identification）的论文中提出了一种假设，即在哀伤工作的第二阶段发生了一种形式的去-认同。用作者的话来说，在经历一个分化过程后，这种

"不-哀伤"（un-mourning）能够使主体脱离认同，这种认同现在被感觉为是不和谐的，在哀伤工作的第一阶段，这种认同曾经被自我和自我理想接受。这将是在以后的生活中摆脱这个爱的客体的第二次机会。

弗洛伊德在近一个世纪前留给我们的哀伤工作模型后来引发了多种更广泛、更深刻的变化：①发现他人的死亡模式（长期或意外的疾病、自杀、谋杀等）会产生的影响。②辨别不同的病理性效应，这些效应可能是由于试图避免哀伤工作的任何一个阶段而引起的，要么是通过否认来拒绝接受他人的死亡；要么是因为现实检验由于某种原因被干扰了；要么是通过各种防御机制，死亡被接受了，但它所引发的感受——悲伤、怀旧、内疚、愤怒、解脱等——却不被接受；要么是因为去-投注被回避了，而哀伤变得无休无尽。至于内疚感（为什么他们没有更好地照顾他/她？他/她为什么不小心？为什么我没有照顾好他/她？）以及与之相关的客体（他人、第三方、死者或自己），则在哀伤工作中起着极其重要的作用。③这使人们更广泛地理解了不充分地修通哀伤过程所带来的短期和中期影响。④一项更深入的研究是关于哀伤的元心理学和它可能产生的分裂。⑤心身疾病患者和边缘性患者在哀伤过程中遇到的困难被比较彻底地研究了。⑥儿童时期、潜伏期、青春期和青少年期的重要客体丧失也被研究了。⑦从性别方面的发生率以及在自然灾难或社会灾难背景下哀伤的具体特征等角度，对哀伤进行了研究。

哀伤和社会灾难

发生在社会灾难（种族灭绝、战争、国家暴力、恐怖主义行为，等等）中的多种死亡，事实上是由一些人对另一些人使用暴力造成的，其产生的影响是我们学科的一个新的研究领域。

基于历史上种族灭绝的研究，研究者得出的结论是，幸存者和被害者的后代所体验到的严重问题并非取决于以前的经历，而是取决于能够造成巨大创伤的社会状况。这些研究还揭示了被打断的哀伤的病理性后果及其对第一代、第二代、第三代甚至第四代的影响。尼德兰（Niederland, 1968）所称的"幸存者的内疚"，通过瓦解他们的身份认同或使他们不能充分构建身份认同，在幸存者及其后代身上留下了显著的印记（Kijak，1981；Kijak & Funtowicz，1982；Suárez，1983）。这种"巨大的精神创伤"反复地导致幸存者及其家庭成员自杀（Krystal，1976）。在许多案例中有一则是特别令人心痛的，那就是诗人保罗·赛兰（Paul Celan），他在 1970 年自杀。根据一些报告，从他的青年早期起，这位作家就觉得他对父母被谋杀的事件负有完全的责任。父母让他到一个避难所去等他们，这个避难所是他能够到达的，但他的等待是徒劳的：他一离开家，父母就被绑架和驱逐了，而后他们死在灭绝集中营中。

毫无疑问，当我们不得不面对由国家暴力所触发的临床情况时，上述研究帮助和鼓励了我们。它们让我们意识到，出现了新的无助形式——这些案例显示出了跨-主体的（trans-subjective）空间在主体性上留下的印记。它们还使我们能够以不同的方式思考内在世界和外在世界之间的关系；思考个人、主体间（intersubjective）、社会之间的关系。用勒内·凯斯（René Kaës）的话来说，"某些事件使我们能够更生动地质问自己（因为它是关于死亡的）关于精神现实和社会现实之间的关系。当这两种异质的现实秩序之间的距离……似乎已经消失了……产生了'内外边界的混淆'"（Kaës，1988）。

哀伤过程一方面被国家显著地改变了，公民失去了最基本的保护，如生命权、知情权、遗体被照顾的权利；也被法治在社会领域的中止改变了。不仅是谋杀本身，谋杀者的作案方法和在之前的可怕情况，都给家人和朋友留下了极其难以处理的伤疤。

国家暴力

恐怖主义国家被认为是一种新形式的紧急状态，不同于宪法在制度秩序受到威胁时所预见的紧急状态。其特征是"法治暂停，以便进行非法行动、实施违法行为"（Duhalde，1997）。正如历史学家玛丽安娜·卡利法诺（Mariana Califano）指出的那样，恐怖主义国家的特点是呈现两个方面的特征——一个是公开的，另一个是秘密的，而各种暴行是在后者的情况下被实施的（Califano，2002/2003）。

这些情况发生在多个南美国家，导致在阿根廷出现了一种新的记号：令人悲哀的、举世闻名的"失踪"（missing，在西班牙语中是 *desaparecidos* 这个词）。它指代的这些人被绑架和消失，然后被拷打和谋杀。对于他们的家人和朋友，这种做法——缺乏对死亡的确认或可靠的信息和必要的象征元素：照料遗体、举行宗教仪式、接受来自社会习俗活动的支持——使得触发和维持哀伤工作的必要条件无法被满足。

正如在早期我们与摩西·基亚克（Moises Kijak）合作的一篇论文中主张的那样，存在其他遗体无法找到的情况——航空事故、地震、洪水甚至战争，但在所有这些情况下，官方机构至少会提供一些相关事件的信息，使社会的、政治的和宗教的习俗活动能够给丧亲者带来支持，并涵容他们（Kijak & Pelento, 1985）。

但是，在这里讨论的案例中，丧亲者不可能知道这些人为什么被绑架，不知道他们的亲人在哪里、被交给什么人、是活着还是死了，不知道如果他们被谋杀了，遗体会在哪里。所有这些都导致创伤的影响在时间上被延长，并在哀伤过程中占据优先地位。因为公共空间——包含意见和异议的多元空间也消失了，并且变成了一个威胁性和迫害性的场所，情况更加恶化了。没有任何机构对"失踪"人员进行任何描述，这个事实加剧了虚假信息和矛盾信息的传播，使人们深陷于恐慌、困惑和无助的体验中。恐慌被加剧了，因为仅仅是试图获得失踪者的信息这一行为就会危及询问者的安全。不管是否目睹了失踪，焦虑都如此彻底地淹没了一个人的心智，以至于他很难意识到在焦虑背后的情感雪崩。猛烈的震惊、无力、绝望感受侵入了意识领域。人们在黑暗中，"穿过阴影"寻求解释（Pontalis, 2003）。对于一些家庭来说，他们想知道失踪的人是否可能卷入了某些事情，如果是的话，她为什么没有告诉他们，在一段时间内，这会成为一个核心问题：一种不能清晰表达出来的，想要找到一个解释的尝试，直到明白没有解释为止——"不可接受的事情"（the inadmissible）已经发生了［莫雷诺（Moreno）在 2005 年的私人通信中打造了这个术语来描述任何以前从未被心理记录的事件］，因为去接受它几乎等于变成了非人类。不可接受的是，这些事实是国家本身引发的。无论如何，当人们认为失踪的人"以某种方式"被卷入绑架时，一个时刻到来了，它表明国家已经开始传播一种观念，这种观念在当今社会的某些阶层仍然有效，即有些人是"无辜的"，而另一些人则不是。

在没有任何消息，没有看到尸体，同时又接收到虚假消息的情况下，人们怎么能确信失踪者是被谋杀的呢？怎么能决定是否要结束对失踪者无谓的搜寻呢？

我记得索尼娅（Sonia）的例子，她的伴侣失踪了。

……在一节治疗中，她在斜靠到沙发上之前，用带来的几份报纸盖在沙发上，弯下腰，好像要去阅读它们。突然，她好像从一个梦或梦魇中惊醒似的，转过身来并看着我。她感伤地捡起报纸，躺在沙发上，向我解释说，她不知道自己出了什么事，不知道在报纸上找什么……事实上，几分钟后她想起有人告诉过她，人身保护令可能会刊登在日报上……她还记得当她还是个小女孩的时候，她是如何因为母亲读了报纸上的讣告而批评母亲的……当时她不明白母亲为什么要这样做，也不明白这样的社会习俗有什么价值。她仿佛从过去的场景中走了出来，突然又与现在重新连接了，她说："可是，我是怎么了？我不知道报纸不会刊登任何人身保护令或讣告吗？……如果我继续地狱般地搜寻，我会发疯，无法继续我的生活，但如果我停止……就好像我把他独自留下了——实际上比独自一人还糟糕，我留他被怪物包围着。"听到索尼娅说她的寻找是"地狱般的"，我感到非常痛苦：这个词意味着语言无法描述她的情感。她提到的"怪物"也间接指那些人的行为绝对离任何可接受的行为都很远。索尼娅继续说道："昨天是可怕的一天——他们向我提供情报以换取金钱……但我怀疑……我觉得这可能又是一个羞辱我的威胁性策略……但是，如果有最微小的可能性，而我拒绝了它，那会怎么样呢？我还想，我该怎么告诉你这个呢？如何告诉你，他们想收买我，而我也许会接受他们的收买……"患者感到羞耻的能力与我自己的愤怒相匹配……看到在种族灭绝的国家中一个人遭受极端的精神痛苦，我感到愤怒。

正如我们在与朱利亚·布朗（Julia Braun）合作发表的一篇文章中指出的那样："无法知晓的事实"主导了这些哀伤工作的演变、变迁和结局

(Braun & Pelento, 1988)。当因为国家需要清除其犯罪行动的所有痕迹, 而使"可能"被获得的信息变得不可能得到时, 人们想要去了解真相的驱力就会增加。"知道状况"的迫切需要取代了现实检验。在这种情况下, 想要了解的欲望在我有时能提供的象征性援助中得到了支持。这种象征性的支持意味着与患者一起忍受"不知道", 但也承认丧亲者有获得信息的权利, 承认这一权利正受到国家的侵犯。

有时, 患者感到不仅需要继续她的搜寻, 而且需要完成失踪者受命进行的工作。在索尼娅的一个梦中, 劳尔 (Raúl) 给她指明了要走的路, 其间有一个特点: 他推着她……。通过患者的联想和记忆, 我们能够理解这个梦中关于性的内容, 除此之外, 还出现了这样的想法, 即有人"推着她在没有地图的情况下继续寻找信息, 她正在被侵犯, 暴力正被施加于她"……

这并不意味着她"想要知道"的欲望没有波动。有时索尼娅觉得她不再想知道了。那时, 她就会说: "我不想再知道任何事情了, 为什么要查明他是否被折磨或者被殴打, 为什么要知道他的尸体是否被严重毁损了? 有些事情还是不知道最好……"因此, 她传达了恐慌, 这些恐慌是她在无法防御那些围困她的离奇体验时感受到的, 也是她从听到的谣言中接收到的。

对她自己的主体性的支撑依赖于她拼命寻找线索, 这就是为什么索尼娅每次被拒之门外时都感到震惊。

患者曾经和一个人进行了面谈, 这个人承诺会提供给她一些信息, 但之后又拒绝这么做, 患者梦见"她在开车, 她出不了隧道: 每次车子似乎都接近出口了, 但一些藤蔓缠住了汽车, 绊住了它, 所以车子无法移动……她也无法从车里出来, 因为当她试着出来的时候, 这些藤蔓包围了她, 使她窒息……"当她从梦中醒来时, 她描述说这个梦引起了她"可怕的焦虑"——这真的发生了——她注意到自己被缠在了床单里。

被缠在床单里的这个细节是对一个所爱之人的认同,她认为这个人在遭受手脚都被绑住的痛苦——这令我震惊,因为同样的事情也发生在一个 9 岁男孩的身上,他的父亲失踪了,正如我几年前在一篇论文中描述的那样(Kijak & Pelento,1985)。

索尼娅对梦的联想使她意识到这个事实,即她感到被"她不知道的事情"以及她通过收集到的线索"推测"发生在她伴侣身上的事情困住了、窒息了。(她最近发现,施暴者们对被绑架者施加的酷刑之一是使他们屈从于"潜水艇":他们的头被浸在装满水的水桶里,直到他们几乎被淹死,这种险恶的操作被一次又一次地重复着。)

索尼娅逐渐在她的治疗中引入了某些联想,这使我能够察觉到她的精神所承受的压力。"实际上。"索尼娅说,"葡萄藤是寄生植物,它们不能单独生存,所以它们像寄生虫一样缠在树上,它们吸收所有的光线,然后杀死了那些树。"在另一节治疗中,她说:"随着时间的推移,我身上发生了一些事情,我感到动弹不得,就像在梦里一样……我动不了……就好像我是劳尔,被关在牢房里,什么也看不见……我无法到达桥的另一边了……但我不确定我是否想去那里……我越来越觉得我再也见不到他了……他们已经杀了他。但是我不想像他姐姐那样……一段时间以前,她发布(decreed)他已经被杀了,所以她不再做任何事情,不和任何人碰面,也完全不去打听消息了……"

这种斗争通常发生在自我的两个方面之间,一方面寻找信息,不顾来自暴力环境的危险;另一方面停止寻找,被不得不面对一个无法忍受的真相吓住,这种恐惧导致失踪者的其他家庭成员无限期地延长现实检验。

患者使用的"发布"一词在那个时候极其重要,有助于理解一个观念,即接受劳尔死了等同于杀死他,这被体验为留他处于无助的境况中——这由一个普遍接受的事实支持,即对于潜意识而言,死亡问题与死亡愿望不可分割地连接在一起——这也是对秘密"发布"命令实施这些谋杀的恐怖主义国家的一种想象中的认同。

我意识到，对失踪者和失踪者所遭受痛苦的想象的认同，以及对种族灭绝势力的代表的认同，渗入了一些画面，这些画面会在家庭成员的脑海中浮现，无论他们是醒着还是在梦中。当军政府在1985年受审时，当幸存证人描述他们所遭受酷刑的声音第一次被听到时，这些画面被强化了。在那时，索尼娅说：

"无论是作为一个小女孩还是一个成年人，我从来都没有特别害怕过，但这次是不同的……我不知道如何摆脱那些萦绕在我心头的恐怖画面：有时我看到劳尔被打、挨冻和挨饿。但突然间，这些画面变成了一种怪物，带着可怕的怪相。"……"我又一次无法入睡……昨天我听到在审判中一些人讲述了他们在拘留所受到的折磨……就好像一切又发生了一样。这些画面不断浮现在我的脑海中。"

这些纷乱的画面，混杂着极端无助的人物和其他表情暴烈的人物，使索尼娅感到了某种程度的无助，比在传统的哀伤中体验到的无助强烈得多。她反复提到她对于"无法在不感到威胁的情况下做任何事或说任何话"的绝望。"受到威胁的状态"被普吉（Puget，1988）定义为一种"混乱和瘫痪的状态"，在这种状态下很难确定危险是真实的还是想象的。她记得有一次，当她的父亲在长期痛苦的疾病中昏迷的时候，她能够"握着他的手，从而感到她可以为父亲和她自己做一些事情"。这种方式表达了淹没她的无助感和无力感，显然不仅反映了被强加在她和她的伴侣之间的深渊，也反映了公共空间的破坏——这个空间应该是在整个社会范围内以行动和言论自由为特征的。

针对失踪者所犯的罪行从一开始就暗示着对人的思想的攻击。人们不得不面对一项极其困难的任务：评估不同来源的相互矛盾的资料。一开始，它是与失踪这个事实本身有关的资料。据说那个失踪的人"并不是失踪了""已经离开了这个国家""被他自己所在的游击队攻击了""在监狱里""正在被折磨"，等等；后来，它是有关失踪者最终命运的资料，据说"他被从秘密拘留地点转移了""他被移送走了""他逃脱了""他被处决了""他们被扔进河里了"，等等（Braun & Pelento，1988）。

面对大量相互矛盾的资料，由于缺乏可靠的信息，头脑首先陷入一种混乱的状态。

"我感到头晕、迷惑，好像周围的墙在晃动。"索尼娅曾经说，"一切都在令人眼花缭乱地快速移动，一个人告诉我一件事，另一个人告诉我一些不同的事，但与此同时，我看到了一些暂停在时间中的场景，就像那些噩梦，在梦里你想跑，却跑不动，你瘫痪了。"

关于失踪者被谋杀的谣言使索尼娅有可能在她的脑海中想到劳尔可能已经死了——他也可能已经被谋杀了。这个想法增加了她的悲痛，但也触发了她了解实情的需要，她想知道他是否真的死了，他的尸体在哪里。获取信息的障碍在三十年后的今天，仍然存在，这意味着就像许多其他丧亲者一样，索尼娅的心灵必须忍受一个未被埋葬的死者的存在，就像它必须忍受一个失踪的、被折磨的客体一样。

尽管如此，通过收集线索并进行比较，死者的家人和朋友对所发生的事情有了一些了解，作为一种特殊的现实检验，这使得哀伤工作能够以对每个人来说都是独特的形式进行。

在索尼娅的案例中，劳尔的另一个形象和另一个故事得以浮现，这个故事在绑架发生之前就开始被编造了：……他们在很年轻的时候就约会了……然后他们分开了……他娶了别人，不久之后，他离婚了。他和索尼娅在国外旅行时又偶然相遇了，不久就同居了。

索尼娅不能怀孕。她感到内疚，因为在劳尔非常想要孩子的时候，她没有寻求医疗帮助。她记得他每次意识到自己不会成为一个父亲时悲伤的脸……在他们一起生活的那个阶段，她觉得他们有时间，有很多时间来解决这件事，为此她也感到内疚……此外，她自己还活着，还作过一些计划，她也为此感到内疚。

作为这些想法的结论,我想指出的是,在这漫长的旅程中,陪伴患者是不容易的。听他们说话的时候,我常常感到焦虑和恐惧。这种焦虑与我生活在相同社会环境中的这个事实有关。但这种体验也帮助我摆脱了我对于哀伤习以为常的想法,帮助我去倾听患者正在带来的"那个新的东西"(Puget,1988)。与对心理产生影响的敏锐感知有关的"新的东西"以及对丧失的哀伤工作,是诸如国家恐怖主义这样的社会灾难的结果。这意味着,根据临床观察我们认识到,这种类型的哀伤——我们和布朗称之为"特殊的哀伤工作"——与普通的哀伤没有相同的特征。

如果我们把它归类为"特殊的",那是因为它使我们能够追踪一种哀伤过程,这种哀伤过程发生在那些在国家暴力环境中因丧失所爱客体而受到影响的人身上,主要特点是包含以下三个组成部分:①因国家实施的行为而"失踪"的人;②国家不承认这种行为;③沉默和恐怖统治的实施。

"失踪"的人既不是死了,也不是不存在:他们不是不存在,尽管确实缺席了。他们也不是死了,因为每个家庭成员或朋友迟早都会明白这个看得见的事实——"失踪"往往与一种特定的死亡形式有关:失踪人员被谋杀。

这种意识形态的镇压方法在幽灵般的本体论中也是一种致命的产物,其中被留下的人不断地与一个核心问题作斗争:"失踪的"人是死是活?另一个令人憎恶的发明是通过绑架来让一个人消失,从而消除了结果和可能的原因之间的任何逻辑关系。这涉及对一般思维过程的攻击。他、她或他们的遗体怎么样了?在哪里?为什么会这样?这些折磨人的想法同时也是转向过度-投注(hyper-cathecting)的一个障碍,这种过度投注通常发生在我们觉察到他人的永久缺席时:表象的火花,其目的是缓和这种觉察可能产生的强烈的悲痛。如果人们不知道缺席是暂时的还是永久的,又怎么可能接受这样的想法呢?精神空间被空虚或者可怕的鬼怪表象占据,取代了记忆。

其次，正如我上面提到的，失踪的发生极大地增加了想要去了解的驱力。这种对信息的搜索导致家庭成员和朋友不得不去面对谣言，尤其是由国家编造的千面谎言。这种对国家及其机构的象征系统和想象系统的破坏，出现在他们的谎言中，完全扰乱了主体的位置、功能、权利和禁令。它完全摧毁了"共享的表象"（Kaës，1988），破坏了亲属关系群——家庭群体、朋友群体、同事群体、玩伴群体、政治群体和文化群体。

这个国家不仅绝对否认它有一个制造失踪人口的计划，还因此否认它介入了谋杀事件，而它的回答被用于制造混乱、不信任和内疚。索尼娅被问："如果你和他住在一起，但没有和他结婚，你怎么知道他不是过着双重生活？也许他现在是躲藏起来了呢！"——一个不得不被译解的模棱两可的信息，旨在让她产生怀疑，并破坏她与伴侣之间的信任联结……但它也试图消除私人生活——"双重生活"和公共生活之间的区别，即失踪者可能信奉激进主义。

很久以后，当这个国家似乎承认它介入了谋杀时，这又一次是在虚假的条件下进行的，因为它称已经发生的事情是一场"战争"，并解释说失控的暴力仅仅只是"一种过度"的形式而已。

第三个组成部分值得特别讨论：沉默和恐怖统治的实施。正如我们所知，在国家恐怖主义中，有人企图突然改变主体和言论之间的关系，或者使其变得危险以便禁止它，或者通过酷刑强迫人们发言。保持沉默意味着失踪者所处的环境无法分担他们的创伤性负担和悲痛。

通过用恐怖侵入人们的思想、提出无法解释的现实、禁止言论，积极地破坏社会联结。如果所有的创伤情况，甚至那些与集体创伤有关的情况，都导致一种孤独的倾向，那么在这种情况下，对言论的禁止是来自外部的，且几乎是不可能对抗的，因为言论可能揭露正在被实施的谋杀。因此，诸如"五月广场（Plaza de Mayo）的母亲和祖母"等要求正义的运动、帮助支持追寻真相和言论自由的人权团体，以及在国家内查找暴力源头的努力，都是很重要的。

从这个意义上来说，在这种国家暴力的情况下，另一个要考虑的问题是需要帮助识别暴力攻击的源头。所有的还原论都需要对正在发生的事情采取否认的策略。

经历这种特殊类型的哀伤的个体需要踏上一段漫长的旅程，以了解"失踪者"消失所掩盖的事实。他们也需要摆脱这种令人发狂的要求，即"对爱的客体去-投注，因为它可能已经死亡了；以及/或者继续对它进行投注，因为爱的客体可能还活着。这两者同时或依次在心灵上暴力性地运作着"（Kijak & Pelento，1985）——并由此推断出，事实上，所爱的人已经被绑架、被折磨和被谋杀了。

接受这个极其痛苦的事实蕴含着一项特别困难的哀伤工作，原因有多种：①事件一开始就携带了创伤的负担和侵入灵魂的极度焦虑；②因生活在一个言论和行动都很危险的社会空间中而产生的巨大的无助感；③由内疚感导致的活动，有时反映在主体自己身上，为无法保护失踪的人而内疚，有时失踪者会因为没有照顾好自己而受到责备，这种活动引发了一种时而忧郁、时而偏执的哀伤；④谋杀、施暴者免受惩罚的政策，以及支持这种免罚政策的各种法律，使主体身上被唤醒的仇恨情绪增加了；⑤由事实引发的离奇幻想，导致了本不应该建起的阻碍；⑥社会关系的破裂，因为一个人有家人、朋友或熟人失踪被认为是危险的；⑦这种类型的哀伤在很大程度上依赖于社会对犯罪行为的认识。

最后，我想指出，对经历这种"特殊哀伤"的患者进行的治疗让我们知道，当一个种族灭绝的国家禁止记忆和遗忘时，丧亲者的心里在想些什么。它也使我们意识到，丧亲者中的许多人不得不做出巨大的努力，以维持作为人类的生存，并维护他们为死者哭泣的权利，在死去的人身上他们认识到自己的有限性（Viñar，2005）。

后记

我愿在此感谢他们以及所有在那段困难时期能和我一起反思的同事们。我特别要提到西尔维娅·阿马蒂（Silvia Amati）、朱利亚·布朗（Julia Braun）、摩西·基亚克（Moises Kijak）、维森特·加利（Vicente Galli）、约兰达·甘佩尔（Yolanda Gampel）、贾宁·普吉（Janine Puget）、马里恩·乌利克森·德维尼亚（Maren Ulriksen de Vinar）和马塞洛·维纳（Marcelo Vinar），还有许多其他人。

分析师、他的"哀伤与忧郁"、分析性技术及活现

罗斯福·M. S. 卡索拉❶（Roosevelt M. S. Cassorla）

本章的目的是讨论分析性技术的通用方面，并将它们与弗洛伊德在《哀伤与忧郁》中最初显露的思想联系起来。

我将以一份临床案例梗概引出对此的思考和讨论。

一位年轻的分析师（AN）带着患者（PT 太太）的案例来寻求督导。她想探讨一节困扰她的治疗。她之前从来没有讨论过她的案例，因为此前，分析性工作都在令人满意地进行着，都是令人愉快的。

PT 在治疗开始时说她没有睡好……她一夜没合眼。她的肌肉疼痛使她又换了一位新的医生。前一天她去看了一位专家，这个专家给她开了太多的药。她曾考虑过服用安眠药，但害怕错过这次治疗。医生向她推荐了一位理疗医师。她的腿和全身都很痛。她决定不接受物理疗法，并寻找另一位专业人员——她曾在一本女性杂志上看到他的名字，该杂志登载了一种革命性的肌肉强化方法的广告。

分析师 AN 进行了干预，指出 PT 又一次不打算遵从医生的处方和治

---

❶ 罗斯福·M. S. 卡索拉住在巴西坎皮纳斯（Campinas）。他是坎皮纳斯州立大学（State University of Campinas, UNICAMP）医学院的精神病学和心理医学系全职教授，也是心理健康研究生课程的客座教授，巴西圣保罗精神分析学会研究院（Institute of The Brazilian Psychoanalytic Society of São Paulo, SBPSP）的名誉成员、培训分析师和教授。他编辑了三本关于自杀和死亡的书，并撰写了 42 章有关精神分析和医学心理学主题的内容。他最近的论文涉及分析技术和边缘性结构（borderline configurations）。

疗，而宁愿追求奇迹般的新奇事物。她还补充道："你到底看了多少医生，现在又接受了多少种治疗？"

AN立刻注意到她的干预和愤怒的语调是不适当的。她知道自己一直是咄咄逼人的。她感到不安、内疚，并担心她的错误会造成不良后果。她急切地试图找到纠正自己错误的办法。她思考着是否应该找借口，承认自己的错误，或与PT分享她的不安。她犹豫不定，但她认为如果她原谅自己，就会使PT负担过重。

AN观察到，在她干预之后，是一片沉重的寂静。她试着对此进行处理，也试着处理她的内疚感。但在很长一段时间后，她决定要施加干预。她询问PT的感受。PT伤心地回答说她感觉糟透了。

AN说PT觉得被她误解和攻击了。PT肯定地说，她觉得AN很恼怒，并推测她不喜欢她即将去看诊的专业人员。

AN认同了，并说她必须思考一下她这样反应的原因。PT安抚她的分析师说，她很好，不用为她担心。PT和AN很快和解，这节治疗继续进行。但AN仍然为自己的错误感到内疚，当想到督导师时，她感到羞愧。

错误和丧失

在上述情况中，可能是发生了什么事情，阻碍了这位分析师的思考能力，使她变得咄咄逼人。当她注意到自己的错误时，她面对这个事实，深化了探索。

让我们分阶段考虑情况。

▷ 0阶段：这段梗概之前的分析阶段，分析工作是令人满意的。

▷ M时刻：AN攻击PT。

▷ 1阶段：AN注意到自己搞砸了，并感到内疚。

▷ 2 阶段：AN 想办法弥补她的错误。

▷ 3 阶段：AN 放弃弥补。对话继续进行。

▷ 4 阶段：AN 和 PT 和解。

在回看这个过程的阶段和顺序时，分析师惊讶于自己没有注意到各种事实。关于 M 时刻，她的第一印象是，她变得咄咄逼人，因为 PT 不遵从医生的建议。AN 不明白为什么这个事实会干扰到她。然后，她觉察到自己对 PT 的疾病知之甚少。她推断这一事实导致了她的烦躁。

在那之后，AN 回想起来，PT 会不停地谈论医生和治疗。令 AN 感到吃惊的是，她意识到她并不认为这些非常无趣的报告有什么重要意义，而是把它们当作医学问题。她开始知道她跟随了 PT 自己对躯体主诉的想法。她因自己对情感因素盲目不见而感到羞愧。

分析师继续反思，并且注意到，0 阶段看似令人满意，但也包含了单调、重复的报告，这使治疗的氛围是咄咄逼人且具有竞争性的。但是这种氛围甚至没有被注意到，或者它立即消失在令人愉快的关系中。AN 总结出来，0 阶段的理想状态隐藏着一种枯燥乏味的、破坏性的关系。

在这被确认之后，AN 可以更好地理解 M 时刻了。PT 以某种方式迫使她意识到她对 PT 的心身症状盲目不见。为了避免注意到自己的错误，AN 把这种盲目不见归咎于她的患者，把她的自我批评和内疚放在患者身上。因此，她指责 PT 不遵从治疗并且寄希望于奇迹般的新奇事物，这保护 AN 免于注意到她不知道如何对待患者（和她自己）。询问有关 PT 看过的医生数和接受过的治疗则显露了分析师的无知和她对 PT 症状的不安。愤怒的语调表明了她与其他专业人员的竞争，以及分析师可能难以接受用以处理她不健全的分析能力的帮助。

只有在回顾了整个材料后，AN 才注意到，她并没有考虑到一种在现在看来很明显的可能性，即 PT 对治疗的不满可能已经透露了她对分析的感受如何。

值得强调的是，只有在 AN 经历了 M 时刻之后，0 阶段中的长期共谋才会被感知到。而且，很快就可以明显地看出，和解（4 阶段）只不过是回到了 0 阶段而已。

在随后的一节治疗中，在督导和个人分析的帮助下，AN 的分析能力真正地恢复了。因此，幸亏分析师的理解，她的错误最终变得富有成效。

读者可能想知道，上面的报告与其他类似的报告有何不同，在那些报告中，对反移情缺乏控制也干扰了分析的能力（Freud，1910d）。这一点将在之后被进一步讨论。

忧郁和真相

如果我们觉察到 AN 在 M 时刻之后不久的感受，我们就不会因她认为自己的错误是不合理的，并指责自己是一个糟糕的分析师而感到惊讶。如果这些想法没有得到纠正，她可能还会因自己在生活中犯下的其他错误而谴责自己，觉得自己不配成为一名精神分析师，或不配享受生活。极端的惩罚形式会是自杀。

这种自责类似于抑郁患者的自责："……毫无价值的，没有能力实现任何成就，在道德上是卑鄙的；他责备自己，诋毁自己，期待被驱逐和被惩罚。他在所有人面前卑躬屈膝，并且同情他自己的亲戚，因为他们与这样一个没有价值的人联系在一起。"（Freud，1917e [1915]，p246）

弗洛伊德指出，我们没有理由反驳患者："在我们看来……他似乎也是合乎情理的；仅仅就是他比那些不是忧郁症患者的人对真相具有更加敏锐的洞察力。当……他将自己描述为小气的、自我中心的、不诚实的、缺乏独立性的……就我们所知，他可能已经接近了解自己了。" 弗洛伊德问自己"……为什么一个人不得不先得病了，他才能接近这样的真相"（p246）。

在这里描述的临床情况下，问题可能是，为什么 AN 不得不先犯错才能了解真相。

抑郁患者的自我批评是加剧的，这使得他的破坏性方面更加清晰可见。他因为自己的暴力行为以及自己没有意识到这一点而抱怨和批评自己。他似乎更多地接触到了人类的苦难、脆弱，受到破坏性的限制。通过详细阐述必要的哀伤，如果他能够了解并接受这些事实，他就不会变得忧郁。但这对他来说是不可能的。

让我们重新评估一下临床情况。在 M 时刻，AN 突然接触到她自己的暴力和脆弱，这破坏了她的分析能力。这种感知激活了她的自我批评和内疚（1 阶段），导致了一些类似于忧郁的短暂情绪。不久之后，通过激活使错误变得无关痛痒的躁狂防御（2 阶段），寻求对错误的快速修正——就像它从未发生过一样。如果这个机制被证明是不充分的，忧郁会重新出现。然后，新的躁狂防御会被尝试——以此类推，最终导致一个循环过程。

3 阶段显示了试图通过掩盖忧郁和躁狂来与现实取得联系。4 阶段有假设的和解，带着被加工过的哀伤（3 阶段），回到了躁狂机制，显示出与现实之间可能存在的联系没有被维持下来。

当她回顾自己的工作时，AN 正在为失去一位理想的分析师进行哀伤。她观察到自己在通过错误探索和学习。在这个过程中，AN 得出结论，在 0 阶段，她经历了暴力和否认的共谋。在一段没有危险和痛苦的强大而令人愉快的关系中，她的信念表明，在那个阶段，她的思考能力受到了阻碍。躁狂性的关系让她避免接触到真正哀伤中矛盾的悲伤和破坏性，达到了病理性哀伤和忧郁的破坏性自杀内疚和崩溃危险的程度（Freud，1917e [1915]；Klein，1940）。

现在我们知道这位分析师的疾病是暂时性的，这证实了它类似于"环性精神病"［(circular insanity)(Freud,1917e [1915]) 这种临床征象后来在精神病学中被称为"躁狂-抑郁性精神病"(manic-depressive psychosis)，现在被称为"双相情感障碍"(bipolar disorder)］。

患者的阴影笼罩在精神分析师身上

一个人必须处理生活中痛苦的事实，这些事实总是涉及真实的或幻想的丧失。通过细化，他将不再是那喀索斯（Narcissus），而变成了俄狄浦斯

（Oedipus），因为他人的存在而被排除在世界中心之外。爱和恨的冲突加剧。当一个人能够破坏客体时，意味着他有一种强烈的内疚感和焦虑，而它们可以重建仁慈。与此同时，他必须处理有限性，觉察到自己的死亡，知道这源于他的内在自体。

成为一个分离的、单独的个体意味着接受现实的本来面目，承担起应对现实、应对自己的责任——这就是克莱因（Klein, 1935）所称的抑郁位相（depressive position）。

与详细阐述哀伤和活跃的俄狄浦斯冲突有关的问题，阻碍了自体-客体的区分，并因此阻碍了象征的形成（Segal, 1957），导致与现实的不稳定的联系、内部世界和外部世界之间缺乏区分，以及私人现实的产生。这种病理性的偏执的-分裂的功能（Klein, 1946）出现在人格的精神病性部分（Bion, 1957），并且可以在躁狂和忧郁中被发现。

在忧郁中，自我使自身认同于被矛盾地爱着和恨着的客体，"客体的阴影落在自我中"（Freud, 1917e [1915], p249）。这个阴影，即被内射的客体，作为一个被强化的批判型实体，挤压着自我的剩余部分。自我的分裂与这种内射协同发生。这个被内射的实体是破坏性的，因为它包含了自我的投射及之后再内射（re-introject）中的破坏性方面，并与来自客体的那些方面混合。认同被先前与客体之间的自恋关系强化。

后来，这种被强化的批判性实体被认为是超我（superego），一种纯粹的死亡本能（death instinct）（Freud, 1923b）。克莱因认为内在客体是古老的超我，是残忍的、破坏性的客体依据原始的前生殖（pre-genital）焦虑被内射的结果。比昂（Bion, 1959）从人格的精神病性的角度描述自我-破坏性的超我（ego-destructive superego），它是分裂和古老的再内射的结果，而且在道德上是优越的，它对一切错误发出信号，并攻击人格的发展。在这些最后的引用中，这些古老的、破坏性的方面可能会使后来的俄狄浦斯情结的细化变得困难，而这种困难会对减少这些相同客体的严格性产生妨碍。

推测起来，PT的疾病反映了她无法忍受俄狄浦斯情境和现实，她寻找自恋者的避难所，在那里她保持了与客体无区分的状态；换句话说，因为不可能体验到客体的完整和独立（抑郁位相），患者被鼓动回归到偏执-分裂的状态。在移情的复刻中，通过在 AN 内部对 PT 的分裂部分的大量投射性认同，分离的感知被否定了。因此，分析师被认为是 PT 的延伸。

分析师的一个重要功能是识别患者对分析师的幻想和移情。对后者的解释迫使患者去区分属于自己的东西和属于分析师的东西，抵消（undoing）了融合的幻想。因此，患者被慢慢导向对内部现实和外部现实的适当感知。

因此，PT 会充满希望地期待 AN 展示她如何开始将她视为自己的延伸，解释投射性认同的幻想。但这并没有发生，因为分析师实际上表现为 PT 的延伸。AN 不再是一个幻想的外部客体（Strachey，1934），但她没有意识到这一点。

许多分析师可能把 AN 的行为归咎于她不受控制的反移情；也有人认为，分析师的暂时性疾病，就像患者的疾病一样，可能也是可以理解的，因为这超出了她的能力范围。在后面这个建议中，患者的阴影落在了分析师的身上，PT 的破坏性方面正在向内攻击 AN 的精神功能和分析能力。

后一种可能性在当今的精神分析中引发了以下反复出现的问题：①患者的各个方面如何穿透分析师并攻击他的精神功能；②分析师如何允许或促进这种认同；③分析师自身的各个方面在这一过程中起什么作用。

分析性技术中的忧郁

我认为，在对变异性解释（mutative interpretation）的描述中，斯特雷奇（Strachey，1934）是第一个明确提出分析师可能会被患者侵入的人，这可能超出了他的反移情问题。分析师授权患者将本我冲动引导到他身上，成为一个移情的客体。分析师开始被患者视为幻想的外部客体。很明显，患者并不知道这一点，他相信他和分析师在一个真实的关系中。后者会避免表现得像患者认为的那样（作为被理想化的或坏的客体），不会屈服于他的幻想。分析师对正在发生的事情的解释使患者纠正他对外部现实的感知，并了解他内在世界的功能。

变异性解释的一个有趣的方面是分析师在操作它时所面临的困难——他通常会做一些别的事情。"他可能会问问题，或者给出保证、建议、理论的论述，或者……给予非变异性的、超出移情的解释，或者给予的解释是非即时的、模棱两可的、不正确的……对分析师和患者来说，给出变异性的解释都是至关重要的行为，……他这样做会使自己暴露于极大的危险中。"（Strachey，1934，p159）

事实上，当分析师作出一个变异性解释时，他迫使患者接触到现实。当分析师展示出他和患者彼此独立时，他破坏了他们之间的良好关系（Caper，1995）。分析师对这种良好关系的信任显示了他对患者的认同。这种现象与临床案例梗概中分析师的疾病的躁狂方面一致。

直到20世纪40年代末，除了一些特殊情况外，分析师曾经认为他们对患者的感受——至少是那些他们无法直接理解的感受——应该被认为是不受控制的反移情的产物，并且是被批判的（Freud，1910d）。将反移情用作一项工具的可能性（Heimann，1950；Racker，1948）激起了精神分析学发展中的一个反转。要接受这个新工具，分析师就必须接受这一点，即患者可以在没有立即理解发生了什么的情况下，以某种方式在内部调动他的亲密部分。

投射性认同这个概念及其各种功能的发展（Grotstein，1981；Klein，1946；Ogden，1982；Rosenfeld，1987；Sandler，1988）加深了对移情和反移情过程的理解。莫尼·凯尔（Money-Kyrle，1956）把正常的反移情描述为分析师感觉自己内射性地认同了患者，基于他自己的潜意识来理解他，并通过解释来重新投射。当患者的材料接近某个属于分析师亲密的东西时，它是不被理解的，但这一点还没有得到充分的阐述。莫尼·凯尔认为，分析师可以成为患者投射性认同的目标，他会和患者一起做一些事情，即使这些事情与分析师的各方面是互补的。在这一刻，投射性认同不再是患者的一种简单幻想，而是变成了某种真实的东西。

当格林贝格（Grinberg，1957）提出患者可以对分析师做一些超出分析师职责范围的事情时，他把这个观点发挥到了极致。在投射性反认同（projective counteridentification）中，患者激发了一些东西，这些东西被分析师体验为是真实的，而且他把自己看作是受到了这些东西的支配。这与分析师的个人冲突无关。可以看出，即使是一个假定已经被很好地分析了的分析师也不能对患者的支配免疫。

比昂（Bion，1961）描述了分析师对这类事实的被麻痹的感知。组成β屏幕（beta-screen）的元素（它不能被思考，并且通过病理性投射认同被驱逐）可以在分析师的情感中醒来，这些情感促使分析师做出患者在潜意识中所渴望的反应（Bion，1962b）。患者的目的是破坏分析师的思考能力。

在过去的几十年里，许多作者都强调了患者的主体性和分析师的主体性之间的互动的重要性，在这种互动中，关于投射性认同功能的研究被重点发展。桑德勒（Sandler，1976）描述了分析师潜意识地扮演了由患者所激发的角色的方式（角色反应）。约瑟夫（Joseph，1989）通过详细的研究，展示了患者如何招募他的分析师，诱使他以维持现状的方式行事以避免精神痛苦。卡珀（Caper，1995）详细说明了这些机制，展示出患者使用他的潜意识的能力，这种能力通过刺激分析师的精神状态来让他符合他在移情中扮演的角色，从而能够对分析师人格的细微差别进行敏锐洞察并采取行动。

在此基础上，患者和分析师之间发生的事情的概念变得更加复杂。奥格登（Ogden，1994）使用分析性场域（analytic field）这个概念来展示，一个患者拒绝了他想象的放置在分析师身上的自己的一个方面，与此同时，后者否定了他自己的自体以让位给属于患者的一个方面（Baranger & Baranger，1961-1962）。因此，在患者、分析师以及来自二元体中两个成员的第三个分析性主体间产物这三者之间，辩证互动产生了。费罗（Ferro，1992）运用叙事模型，展示了由患者的精神世界和分析师的精神世界的互动所产生的角色如何在分析性场域中"旅行"。

通过使用戏剧模型来描述在分析性场域中发生的事情，可以观察到，分析师必须在场景中同时扮演六个角色，这是分析性二元体成员的主体间产物：①角色；②观众；③共同作者；④导演；⑤戏剧评论家；⑥灯光技术人员（Cassorla，2005a）。因此，他必须能够进行健康的分裂，参与到现场场景中，也能够离开现场，这意味着要有足够的自体内聚性（cohesion）。如果患者进入分析师内部，支配他，后者的功能就会受到阻碍，变成由患者决定的简单角色。

因此，在当前的精神分析实践中盛行着这样一种观点，即分析师会被患者以不同的强度和性质卷入进来。患者的精神状态就是被这样传递的。但是，分析师也可以内在地被患者的某些方面招募和控制，这些方面运作为一个内在客体，撷取了专业人员的自我。容器-涵容的概念（Bion，1962a）认为，患者和分析师之间的互动不仅取决于容器的转化能力（α功能），还取决于被投射部分的强度和性质。

当分析师没有意识到自己被患者大量的投射性认同吞没时，一个潜意识的共谋就会形成，而且这可能会是长期的。这种共谋会导致分析性关系中各种类型的僵局（Rosenfeld，1987）。［尽管大多数分析师同意一个患者可以和他的分析师一起做一些事情，但并不是所有的分析师都同意投射性认同现象可以解释这个事实。格罗斯泰因（Grostein，2005）、梅洛·佛朗哥·菲罗（Mello Franco Filho，2000）以及桑德勒（Sandler，1993）都讨论过这个问题。］

活现和两人都不敢梦之梦（non-dream-for-two）

这里所描述的情境涉及活现（enactment）这个概念，它起源于自我心理学（Ellman & Moskovitz，1998），之后很快被其他精神分析师团体采用。

在活现的情形中，分析性的二元体受到大量交叉的投射性认同的影响，被卷入到一个使人麻痹的共谋中，却对此没有觉察。这些与堡垒、招募、角色-响应性和贫瘠的容器-被涵容关系之间的相似性显示在其他地方（Cassorla，2005a）。即使两个成员都被卷入了，分析师的贡献会被强调，因为他的功能受损了。

考虑到比昂（Bion，1962b）的思维理论，当分析师的梦-工作-α功能

(dream-work-alpha function)被保留时，被患者通过大量投射性认同而消除的β-元素（beta-elements）转化为α-元素（alpha-elements）。通过视觉图像、情感象形图，α-元素的第一个心理表征被展示出来（Rocha Barros，2000），其本质构成了梦——醒着或睡着的梦。这些象形图是互相联系的，并与文字联系在一起，成为越来越复杂的象征性叙事。在这个模型中，分析性的治疗应该被认为是一个做梦的空间，而分析性过程就变成了一个两人之梦（dream-for-two）（Caper，1995；Grotstein，2000；Junqueira Filho，1986；Meltzer，1984；Ogden，1994）。

当患者不能象征或做梦时，通过将精神状态释放在行为、症状、言语中，以及转化为其他幻觉性精神病——幻觉、无所不知、狂热、妄想等，他可以将他的精神状态显现出来（Bion，1965），这抓住了分析师。我们正在处理人格中的精神病性部分（Bion，1957）。分析师体验到这些被释放的产物，如疾病、精神痛苦、症状和感受，可能还伴有粗暴的场面。它们以贫乏的、重复的、停滞的、没有情感共鸣的状态存在。观察性的分析师注意到，他接触到了非象征性的领域、不成功的象征草图、象征性的等式。我建议把这些释放称为不敢梦之梦（non-dreams）（Cassorla，2005a）。分析师的作用是去做患者的不敢梦之梦，借给他们思考能力。（在非精神病领域，当患者可以象征化并做梦时，分析师会再次做患者的梦，并在象征性的情节中建立新的联系，提高思考的能力。）

分析师必须容忍不敢梦之梦中的未知（not-knowing），同时试着去做这个梦。这可能难以实现，因为技术上的失败、α-功能的限制，或者因为不敢梦之梦触动了个人领域，而没有被分析师充分地梦到。在这些情况下，未知会被体验为一个内在的迫害性客体。这就解释了已知事物（already-known）——记忆、愿望、理论和信仰的魅力，它们被使用不是因为它们是真实的，而是被用作安抚迫害性客体的一种方式。这种用已知事物代替未知的做法，是由说教的、全知的、破坏性-自我超我的非-中立性存在所激发，它攻击一切未知，将其转化为已知事物。

因此，分析师的头脑被患者落在分析师自我上的不敢梦之梦抓取，阻碍了他做梦和思考的能力。被已知事物取代就像是躁狂性的和强迫性的补偿。

患者的不敢梦之梦和分析师的不敢梦之梦之间的互动将构成两人都不敢梦之梦（non-dream-for-two）。活现是两人都不敢梦之梦的产物。因为它们涉及人格的精神病性方面之间的共谋，它们不承认怀疑、不确定和质疑的存在。患者和分析师都无视现实，傲慢地相信他们掌握着真相。

对活现或两人都不敢梦之梦的仔细观察显示了明确表达在忧郁的、迫害性的或躁狂的叙事中的停滞不前的场景。有可能在二元体的两个成员之间发现虐待、施虐受虐或理想化的爱的共谋，这种共谋隐藏着破坏性。在施虐受虐者的活现中，分析师否认他的痛苦，或躁狂性地想象它是一种必要的痛苦，属于分析过程的变迁（Cassorla，2005b）。因此，认为所有的活现都有躁狂成分是恰当的，因为这里否认了对发生在分析性二元体两个成员之间的攻击的感知以及对分析性过程的攻击的感知。

弗洛伊德（Freud, 1917e [1915]）强调，要去理解忧郁症转变为躁狂症的过程是很困难的，反之亦然。这种困难直到今天仍然存在。克莱因指出，面对因无法修复而产生的绝望（当无法达到抑郁位相时）以及由迫害性客体感受到的对毁灭的恐惧（在偏执-分裂位相时），躁狂性的修复机制会被激活——连带着强迫性的防御。被破坏的客体和破坏性的冲动被体验为理想化的。

问题是，在上面描述的材料中，分析师为什么让自己卷入到慢性活现（0阶段）中呢？不能忽视的一种可能性是，这受到她的个人冲突的影响。[我认为慢性活现是一种在合理时间内隐藏的活现，而急性活现（acute enactment）是突然出现的。（Cassorla，2001）] 但大规模投射性认同的力量和性质也不能排除在外。

在上面的临床例子中，对 AN 来说，最好的选择是通过公然抨击和抵消慢性活现来注意到她的不适和盲区。在另一个极端，最坏的情况是，一直保持共谋，直到分析过程被破坏。

然而，在 M 时刻，慢性活现被抵消的方式是令人惊讶的。躁狂性的防御被粗略地打断，而破坏性的成分作为急性活现出现。它的强度使它很难保持不被察觉。因此，它可以被认为是一种迹象［作为焦虑的迹象——Freud，1926d（1925）］，表明之前已经发生了一些不正确的事情，是一种慢性活现。然后，分析师可以处理真相，阐述必要的哀伤，恢复她的分析性功能，与 PT 解开纠缠。

但是，分析师除了阐述那些与 PT 纠缠的哀伤，还必须详细阐述或再阐述其他哀伤：为她理想化的分析而哀伤；为她所认为的，她会一直控制她的反移情而哀伤；为她所认为的，她的破坏性冲动永远不会遮蔽她爱的冲动而哀伤；为她所认为的，她永远不会对情感现象视而不见而哀伤；等等。这些哀伤让所有其他哀伤复活，在分析师的一生中，这些哀伤被阐述得或好或坏，包括俄狄浦斯的哀伤（Klein，1940）。

因此，作为最后的手段，只有当分析师能够获得并保持对现象的洞察时，他才能成为一个分析师，这是在俄狄浦斯情境中已经获得的：进入一份关系并从中撤回，去观察自己身上、他人身上，以及两者的关系中正在发生什么。

哀伤工作和现实

当分析师恢复他的分析性功能时，慢性活现或两人都不敢梦之梦预期会被打断。如果分析师能回看一眼，也许在一位同事分析师的帮助下，这可能会发生，否则分析过程可能会陷入僵局，或者它可能会被转化为某种不再是精神分析的东西（Baranger, Baranger, & Mom, 1983）。（事实上，由于分析师认为流程发展得"不错"，他很少有兴趣"回看一眼"。）

然而，正如我们在临床资料中看到的，还有另一种感知慢性活现的方式：通过急性活现的激增。是什么让长期的共谋突然被一个急性的现实表现取代，而分析师几乎没有注意到？分析师是如何突然恢复他的精神功能并启动哀伤工作的？为什么在慢性活现中，这种情形保持冻结这么长时间？为什么分析师以前没有梦见过两人都不敢梦之梦呢？

人们理所当然地认为，患者由于不可能接受现实，不可能为必然会发生的丧失尽心哀伤而产生了忧郁性防御和躁狂性防御，这些防御激起了自我的改变以及对其思考能力的攻击。如果创伤情境模型被使用（Cassorla，2005b），则精神组织可能已经受损，扰乱了其功能。在这个模型中，PT应该被认为已经将现实体验为难以忍受的、创伤性的，并尽其所能对其做出反应。

在慢性活现过程中，分析师和患者之间会发生强烈的病理性认同，他们都处于心理受损的状态，这阻止了思考和与现实的接触。我假定急性活现发生在一个特定的时刻（既不是在之前也不是在之后），因为分析性二元体的两个成员都潜意识地领会到，充分的精神功能已经恢复，并赋予了现实以象征意义。为了更好地理解这种恢复是如何发生的，有必要详细地修正分析师在慢性活现期间的工作（Cassorla，2001，2005a，2005b）。

这次修正表明，尽管分析师长期陷于共谋之中，但他还是怀疑出了什么问题。在与障碍平行的通道中，他似乎对现实有一些概念，并对现实有一些防御，即使不是完全清楚。因此，他经常在形式上做出正确的干预，这些干预如果被使用，可以帮助患者接触现实。但是，这些干预还不够，或者会失去作用，无法抵消阻碍性的共谋。

因此，当分析师的部分心智参与慢性活现时，其他部分则使用α-功能以试图潜意识地恢复心智的受损部分。在一个既定的点，二元体中的一个或两个成员潜意识地感觉到，复原的程度已经足以指明现实，而不再被认为是无法忍受的。此时，防御性的阻碍被解除，痛苦的接触作为急性活现而存在。

在临床情况下，患者通过紧紧抓住分析师并抱住她（像溺水者和救生员一样）来减轻创伤性损害。这是一种共生关系，类似于生命初期的母亲和婴儿，涉及深层的潜意识交流。由于所有的生活环境都潜在地具有创伤性，这位母亲的涵容功能一直在被测试着。患者对他的分析师做着同样的事，而后者详细检查患者对于引入现实的反应，他能获得多少收益，以及他在多大程度上返回到α-功能（Bion，1962a）。[这一过程似乎与"共享内隐关系"（Stern et al.，1998）中的内容密切相关，这种内隐关系是一种亲密的主体间性的约定。]

因此，尽管在慢性活现过程中，分析师未能理解患者，但患者觉得，与过去的情况相比，未能理解造成的破坏性要小得多。这是因为，尽管专业人员未能理解患者，但他仍在不断地尝试在其他心理领域观察、询问、区分，从不放弃理解的欲望。所以，即使是停滞的叙事也不会破坏分析性二元体。

如果上述假设是正确的，那么可以假定，在慢性活现过程中，分析性二元体也准备面对现实。通过与障碍平行的通道，被深度卷入的分析师会体验到一些情形，这些情形类似于在心智最初发展中发生的情形。他的潜意识观察能力使他仔细检查脆弱受损的精神组织和防御功能，这些防御试图保护他免于与现实的创伤性接触。在这个微观的工作中，分析师直觉地评估痛苦的程度，尝试去治愈，并试图不过早地撤销防御，以避免伤害如此脆弱的组织。与此同时，他耐心地试图找到突破口，让现实进入，同时保持痛苦的程度是可以忍受的。

与此同时，患者注意到，虽然他的分析师被麻痹了，但他还活着，并且在平行的渠道中，他对观察和理解精神功能很感兴趣。

在慢性活现过程中，分析师体验到更广阔或更狭窄的潜意识理解的草图，而这被患者捕捉到了。由于他不能使用它，共谋仍在继续。当大脑功能慢慢恢复时，这种情况会反复发生。当忍受和象征化现实的可能性被潜意识注意到时，急性活现就会发生。打个比方来说，灯亮了，是因为有"足够的能量来照明"，而不会有破坏"灯"的危险。

现在，在急性活现后，有更多的因素来理解分析师的内疚和尴尬。不仅是"好的"关系被撤销了，而且分析师担心患者可能会因为突然出现的现实而再次受到创伤。

以上描述的过程类似于母亲对婴儿的功能。母亲耐心地尝试思想上的转变；当出现逆转时，她也不放弃，不断尝试新的路径。这一功能主要是潜意识的，正如发生在分析师身上的那样。

我相信患者的心理功能正在慢慢地被重建，而且无意义的元素获得了粗略的象征化。这需要时间，并与新的攻击交替发生。在这个过程中，损害的每个方面、痛苦现实的每个方面都必须被详细地阐述，就像哀伤一样

(Freud，1917e[1915])。而且，分析师必须有足够的耐心，去跟踪和判断心智正在被恢复的比例和部分。(我建议分析师应该具有正常的受虐者的耐心，这是指忍受痛苦的耐心和能力，不气馁，就像母亲的功能一样。)

当分析性二元体潜意识地觉得，随着哀伤工作的进展，他们可以忍受疼痛和痛苦，以实现与客体的分离时，就最终达到了与现实的接触。这是伴随着象征化和痛苦的思考能力的恢复而发生的。

慢性活现必须是长期维持的，因为它还包括详细阐述哀伤所必需的时间。在这段时间里，分析师潜意识地与患者一起忍受着痛苦。

为自体的一部分哀伤

以上形成的假设与当前的精神分析概念是一致的，作为精神分析的主要目的之一，它强调恢复自体被投射部分的必要性。斯坦纳（Steiner，1996）讨论了恢复和整合那些被散布、被拒绝和归因于他人的自体元素的困难。由于自我的清空以及对主体与客体之间分离的否定，被投射的部分变成是不可用的。在精神病性状态和边缘性状态中，这种不可用性被浓缩在一种僵化的防御结构中。

投射性认同的反转性取决于患者详细阐述哀伤的能力，即接触与客体分裂的现实，以及由此而来的丧失。只有哀伤被处理了，患者才能重新获得投射；只有重新获得投射，他才能让客体离开并恢复被损害的部分。它的发生要通过一个复杂的哀伤过程，通过痛苦地识别什么是属于自体的、什么是属于客体的。慢慢地，丧失的客体可以以更现实的方式被看到，而之前被滥用的自体部分也逐渐以这样的方式被认识。

我们不知道究竟发生了什么促使了与客体的脱离。弗洛伊德（Freud，1917e[1915]，p255）推测，当客体消失时，自我"被源于要生存下去的自恋性满足的总和说服，去切断与这个已经被废除的客体的依恋"。这一猜想可以引导我们去考虑，即使客体仍然活着，个体也觉得只有与现实的接触才能让生活被充分地享受。但是自我的一部分是如何恢复的仍然是未知的。斯坦纳（Steiner，1996）提出了对客体的感知发生变化的可能性。回到上面讨论的模型，这种感知上的变化表明，思考能力可能正在重新获得。这种恢复可能是分析师和患者之间亲密接触的结果，在这种接触中，分析师寻找做患者的不敢梦之梦的方式，寻找、激活并引入 α-功能。换句话说，关于谁是活着的，谁能让患者放弃融合并选择过自己的生活，这是另一种思考方式。

正如已经论证过的，有时分析师的 α-功能会因为对患者投射部分的认同而受到阻碍，这些被投射的部分在内部黏附在分析师的精神功能上，阻碍了这些功能。思考和象征化的能力受到阻碍，因为俄狄浦斯三角的感知被丢失了，反转成了一种二元的无区分的关系。如果分析师无法从这种关系中脱离出来，他可能需要一个扮演外部观察者角色的第三方的帮助。

能够摆脱二元关系并从外面看到它等同于 α-功能的恢复，等同于获得使用符号的能力，等同于思考，等同于阐释抑郁位相，等同于阐释对客体和丧失的自体部分的哀伤，等同于恢复自体的整合，等同于对自体和客体负责，等同于能够与现实接触，它允许忍受挫折，使得思维能够详细阐述俄狄浦斯的情形，能够允许享受现实生活，能够……，等等。在过去的几十年里，对这些方面之间相互关系的研究和理解一直是精神分析的任务之一，在《哀伤与忧郁》中可以找到许多相关的初步行动。

最后的思考

在本章中，我们无论如何都不建议分析师病理性地让他/她自己认同患者或者参与活现或两人都不敢梦之梦，因为这对分析师可能是没有好处的。相反，分析师被期望在与现实的接触中改变这类活动和麻痹的状况，阐述必要的哀伤。

我们在本章中提出，在一些主要涉及受创伤的、自恋的、边缘性的或精神病性的患者的情况下，这种病理性的认同可能——在或长或短的时间内——成为分析过程的一部分。

这种认同明显不仅依赖于那些落在分析师自我上的要素的性质，也依赖于分析师处理这些要素的能力。当这些情况被详细研究时，相反的态度很可能在那些容易发生认同的分析师身上发现。在所描述的临床情况中，分析师 AN 能够察觉到患者的躯体主诉与她对自己女性特质以及母亲疾病的体验纠缠在一起。分析师会在自己的个人分析中发现其他更深层次的表达。

另一方面，分析师与患者相似的体验也可以促进健康的认同。正如弗洛伊德（Freud，1937d）指出的，令人向往的东西和不受欢迎的东西之间的距离是不固定的，这是我们这个领域的一个功能，往往虚假的诱饵可以钩住真相。

综上所述，分析师的工作需要有勇气接受患者对分析师的迫切需求，即患者需要对分析师做他认为发生在他身上的事情（Alvarez，1992），并冒着被客体和患者所投射自体的一部分控制的风险。分析师承受着这种新的关系，他知道他必须忍受不理解（non-understanding）。他必须觉察自己对患者的情感，以及他从一个实例到另一个实例的变化，同时他试着做他不敢做的梦。

分析性的僵局情境往往源于难以详细阐述哀伤，难以建立忧郁的或躁狂的叙事。如果分析师在仔细观察后无法识别这些叙事，它们可能会破坏分析过程。有时情节突然中断，在急性活现中显示出与现实接触的可能性，这意味着对哀伤的潜意识详述伴随着阻碍。

不放手：从个体长期哀伤者到权利意识形态的社会

瓦米克·D. 沃尔坎❶（Vamik D. Volkan）

三十年来，我和弗吉尼亚大学的同事们对数百次哀伤过程及其各种后果进行了研究（Volkan，1972，1981，1985，2004；Volkan et al.，1975；Volkan et al.，1980；Volkan et al.，1993；Zuckerman et al.，1989）。该章节中，我对这些研究发现进行总结。首先，我更新和总结了成年人哀伤和抑郁所涉及的心理动力学内容，关于这一点，弗洛伊德（Freud，1917e [1915]）的结论已然提供了基础。其次，我描述了一种在《哀伤与忧郁》中没有涉及的情况：有些人陷入困境多年，甚至一生都无法让失去的人或物离开；他们利用自己的各种自我功能来处理他们的丧失，主要是处理"杀死"丧失的客体或使其"起死回生"之间的冲突，而他们这样做的代价是不能将这些功能用于更加适应性的目的。他们成为"永久的哀伤者"，但没有发展出抑郁症。第三，我关注的是社会哀伤（Volkan，1977，1997，2006），这个概念在《哀伤与忧郁》中也没有被提及，我提出了这样一个问题：一个大的群体，比如一个民族或宗教群体，会成为一个长期处于哀伤状态中的社会吗？

---

❶ 瓦米克·D. 沃尔坎是芬兰库奥皮奥大学（University of Kuopio）荣誉学位医学博士、美国弗吉尼亚州夏洛茨维尔市弗吉尼亚大学（University of Virginia）精神病学名誉退休教授、马萨诸塞州斯托克布里奇市奥斯汀里格斯中心艾瑞克森教育研究所（Erikson Institute for Education and Research of the Austen Riggs Center）高级艾瑞克森研究员，以及华盛顿特区华盛顿精神分析研究所（Washington Psychoanalytic Institute）名誉退休培训和督导分析师。

悲伤、哀伤和抑郁的动力学意义的更新

在《哀伤与忧郁》中，弗洛伊德（Freud，1917e［1915］）专注于成年人的哀伤过程，而不是那些在经历重大丧失之前就已经可以在头脑里保持心理表征（mental representation）（许多心理意象集合）的孩子——换言之，在个体能够建立客体恒常性（object constancy）之前。显然，一个没有能力保持客体恒常性的孩子不可能像一个成年人那样哀伤。对于一个成年人来说，哀伤过程是指哀伤者在回顾和（在心理上）处理一个丧失之人或丧失之物的心理表征时所进行的心理活动的总和。我同意沃尔夫斯坦（Wolfenstein，1966，1969）的观点，他认为成年人的哀伤和青春期的经历是相似的。青少年"失去"（修正）许多既有的童年自体和客体意象，"获得"新的身份，从而明确"新的"自体表征和"新的"客体表征（Blos，1979）。正如沃尔夫斯坦解释的那样，经历青少年时期成为成年人哀伤过程的一个模式。因此，我们可以说，弗洛伊德的哀伤模式正是沃尔夫斯坦所解释的成年人哀伤模式，在这一章中，我只提到成年人的哀伤过程，正如弗洛伊德在《哀伤与忧郁》中所做的那样。

当重大丧失发生时，最初的反应是"悲伤"（grief），这应该与哀伤过程区分开来。对于哀伤者来说，体验悲伤的反应就像把自己的头撞在墙上——一堵永远不会打开，以允许死去的人或丧失的东西回来的墙。哀伤过程——对丧失客体的心理意象进行内部回顾和处理——始于个体仍然表现出悲伤反应时，通常持续数年，直到哀伤者在丧失客体前已经有足够的包含与之相关重要纪念标志的生活经验，而成年人有能力在一个重要的客体丧失后，把它的心理表征留在脑海里。因此，我们可以说，成年人的哀伤过程在他们的一生中是不会结束的，他们可以通过丧失客体的各种心理意象来重新激活一种内在的关系，例如与丧失的人或物共享的重大事件的纪念日。只有当哀伤者不再全神贯注于丧失客体的心理意象，并且对丧失客体的心理表征不再保持"热度"时，哀伤过程才会"实际结束"。塔卡（Tähkä，1984）谈到，通过使其"没有前途"，来将对丧失客体的"热"的心理表征转化为

"冷"的。这时，丧失客体的心理表征不再被用来回应哀伤者的愿望，没有未来，没有持续或永久的影响。一个年轻男人不再幻想死去几年的妻子会给他带来性快感，或者一个女人不再希望在自己多年前被解雇的工作中对下属颐指气使。

悲伤

重大丧失的最初反应包括一种休克（shock）感，与呼吸短促、喉咙发紧、需要叹息、肌肉无力和食欲不振等生理反应交替出现或伴有这些反应。随着休克感及其身体症状的减轻，哀伤者会产生一种愿望，希望自己的丧失能够得到弥补。他可能会否认，至少在一段时间内否认，丧失确实发生了。更常见的现象是哀伤者对"分裂"（splitting）的使用（Freud, 1940e[1938]）。这种分裂与那些边缘个体的分裂不同，边缘个体典型的特点是将自我意象和/或客体意象分裂。哀伤者利用自我功能，使对立的自我感知和体验可以同时发生。例如，一个男人知道他死去的妻子躺在殡仪馆的棺材里，但是他"听到"她在厨房里准备食物的声音。

悲伤反应还包括哀伤者与"上帝""命运"、自己或他人的讨价还价，以期扭转某人的死亡或心爱房屋的燃烧，好像这样的逆转是可能的："如果我没有遇到堵车，可以早点回家，就可以阻止导致妻子死亡的事故的发生或房子的燃烧。"哀伤者可能会在开车回家的时候始终想着换条路，避开拥堵的交通，好像这样就可以让他的妻子活下去。

但在现实中，失去的人或物永远不会再出现，而哀伤者会感到内疚，在某种程度上，是因为没有扭转悲剧的结果，和/或当他人离去或某物被摧毁时，自己仍存活于世。然而，哀伤者自己的内疚是复杂的，因为——同样在某种程度上——哀伤者也会感到愤怒，因为某人或某事的丧失导致他/她的自恋受到伤害。哀伤者的内疚和愤怒可能是有意识的。然而，大多数情况下，这种感觉被压抑或转移到某人或某事上。哀伤者可能会对照顾亡妻的医生感到愤怒，也可能会对引起房屋火灾的煤气炉制造商感到愤怒。最重要也最明显的是，哀伤者的悲伤伴随着哭泣、痛苦和懊悔，这些都反映出他们无力扭转现实。慢慢地，一种可控的挫败感和愤怒变成了"健康"的迹象，表明哀伤者开始接受事实。

一个"正常"成年人的典型悲伤反应需要几个月的时间才能消失，可能会在失去亲人的周年纪念日再次出现一段时间。事实上，没有典型的悲伤反应，因为丧失的情况是多种多样的，而且每个人都有着不同程度的内心准备来面对重大丧失。

悲伤的反应本身是复杂的。有些成年人会不由自主地哭泣，每当环境中的某些事物让他们想起最初的丧失时，他们就会感到痛苦和愤怒。曾经，一个被分析者在治疗的前两年半时间里都是在我的沙发上哭泣，几乎每一次治疗中都表现出悲伤反应。在悲伤一段时间后，她开始对与丧失无关的其他话题感兴趣，直到在下一次治疗中，她再次感到悲伤。她固着在悲伤中。

哀伤

作为一种内在的现象，回顾丧失客体或事件的心理表征是一个较为沉默的过程。当一个人仍然表现出悲伤的反应时，它就开始了，通常会持续几年。很明显，哀伤者在失去亲人之前，就已经在脑海中对他丧失的人或物有了一种心理表征。当哀伤过程真正开始时，哀伤者就会全神贯注于这些表征的各种意象，以及伴随的相应情感。这时，人们开始在心理上处理这些意象，并驯服这些附着的情感。对死者身体的埋葬通常是在一种行为中被完成的，而对死者的心理表征的"埋葬"则是通过对各种意象的"埋葬""转世"和"再埋葬"来完成的，直到这些形象变得"冰冷"、没有未来（Tähkä, 1984）。

更重要的是，在这种心理活动中，一些现实的或被愿望和防御修改的意象被吸收成为认同（identifications）。在《哀伤与忧郁》中，弗洛伊德（Freud, 1917e [1915], p250）提到了哀伤过程中的"自恋性认同"，即"放弃了客体投注"。认同是指哀伤者将丧失的人或物的特征和/或功能据为己有。例如，在父亲去世后一年左右，一个自由自在的年轻人变成了一位严肃的实业家，就像他父亲过去那样。同样，一个失去国家的移民可能会以一幅画或一首歌创造出对祖国的象征化表征，表明这个哀伤者已经内化并保留了她失去的国家的某些意象。

"正常"哀伤的另一个过程,说明了哀伤者处理丧失客体的心理表征的过程是把丧失客体的意象存放于"合适的存储库"(Volkan,1997;Volkan et al.,2001)。一位哀伤者在外部世界找到一个人或一件事,能够让他以一种安全的、持续的方式将丧失的客体意象外化,于是这些意象就不会回来并在哀伤者的心里引发冲突。例如,一个女人失去了她的丈夫和他为她提供的自我功能,她将已故丈夫的意象和自我功能"存放"于一个政治领袖或政党中,成为这个领袖或政党的追随者。用弗洛伊德的话说,就是通过这样做,她将自己的力比多投注从丧失的客体中收回,并投注于鲜活且持久的事物。在另一个例子中,一位失去儿子的母亲,变得虔诚起来,并将儿子的心理表征存放于十字架上的耶稣基督。将意象存放于"合适的存储库"让我们想起精神分析中所称的"投射性认同"(Klein,1946),然而存储是恒常而稳定的。此外,这些"存储库"由哀伤者社会中的其他人共享,哀伤者对存储库的情感投注被认为是"正常的"。以上案例中,只要政治领袖和政党存在于公众的视线中,只要耶稣基督的存在被认为是永恒的,两个哀伤者就都可以有效地结束其哀伤工作。在很大程度上,认同丧失客体的意象和功能并将其存放于"合适的存储库"是潜意识的过程。

这样的哀伤过程被认为是"正常的",当哀伤者认同所丧失的意象和功能,并将其存放于"合适的存储库"时,这是有选择性且"健康的"。哀伤者在经历了悲伤的痛苦之后,在花费大量的精力回顾并处理了对失去的人或物的心理表征之后,会从这些经历中有所收获。在失去亲人后一年左右,拥有丧失的亲人所提供的自我功能,会丰富哀伤者的内心世界。例如,利用一位政治领袖和他的政党作为"合适的存储库"的女性,可能会成为扩大该党人道主义思想的重要代理人。波洛克(Pollock,1989)广泛地研究了这些收获和成功哀伤过程之后个体对外部和内部世界的新适应。

抑郁

"在忧郁中,与客体的关系并不是简单的关系:由矛盾性导致的冲突使其复杂化了。"弗洛伊德的这句话(Freud,1917e [1915],p256)今天仍然适用。与丧失客体有过多矛盾性的哀伤者无法形成有选择性且丰富的认同和同化,而是将丧失的客体表征"整体地变成"(in toto)自体表征(Smith,1975)。因此,最初将哀伤者与丧失的人或物联系起来的爱与恨(矛盾性),现在就将哀伤者的自体表征变成了战场。哀伤者现在感受到的是自体表征内部的爱与恨之间的斗争,在自体表征中,通过全然认同的方式,同化了与丧失客体的心理表征相关的矛盾。这就导致了抑郁症,它有自己典型的生理症状,如食欲、睡眠、性欲和快乐体验的紊乱。个体感到疲劳,可能出现心律失常。这些生理症状也可能出现在"正常"的哀伤中,但表现形式要温和得多。

当对被同化的丧失客体的心理表征的憎恨情绪占据主导地位时,一些哀伤者甚至会试图自杀以"杀死"被同化的心理表征。换言之,他们想要在心理上摧毁或扼杀丧失客体的心理表征,因为它位于其自体表征之内,因此,相应地,他们开枪或上吊自杀。当然,如果抑郁的哀伤者自杀未遂,并愿意接受精神分析探索,那么这种心理动力是最容易观察到的。有些人可以清楚地说出他们真正想通过自杀来摆脱的人是谁。

无法对丧失的人或物的心理表征形成健康认同的哀伤者,也将无法找到能够外化的"存储库"。变得抑郁的哀伤者将失去的人或物的心理意象储存在不稳定和不合适的容器中。例如,哀伤者不是将丧失客体的心理表征存放于一个可被社会接受的宗教组织,而是将其存放于狂热的宗教崇拜中,加入邪教,并参与到低自尊感的适应不良的活动中去。

创伤

除了将丧失的客体与矛盾心理联系起来,或将失去的人或物的精神表征存放于不稳定的存储库中,哀伤者可能还会遇到其他导致客体丧失后抑郁的因素。尽管弗洛伊德在《哀伤与忧郁》(Freud,1917e[1915])一书中并未提及,但创伤也使哀伤过程变得复杂,有时甚至使之变成抑郁。丧失本身可能是创伤性的,特别是当它突然发生且出乎意料时,但是真实创伤所致的丧失与哀伤者的无助、羞耻、羞辱和幸存者内疚相结合,严重地使哀伤过程复杂化。想象一下,一艘船发生事故,一名男子在抢救妻子和孩子失败后失去了他们。在这种情况下,哀伤的工作被哀伤者试图扭转无助、羞耻、羞辱和平复幸存者内疚感污染。丧失的亲人的心理表征仍然存在于哀伤者心中,作为内疚、羞耻和羞辱的持续提醒,导致自恋性伤害和低自尊,从而导致抑郁。

在谋杀、自杀等悲剧中,愤怒的情绪由那些导致丧失发生的人表达出来,在这样的丧失中,哀伤者可能也会感到抑郁。在悲伤反应以及哀伤过程中,对丧失客体也有一种"正常"程度的攻击,因为丧失客体的消失本身就造成了哀伤者心中的一个自恋性伤口:"你怎么敢离开我?"在悲伤过程中,哀伤者会感到愤怒,因为他或她不能扭转丧失的现实。在哀伤期间,哀伤者也会体验到愤怒,因为他在某种程度上被迫重新激活童年的"发展性丧失"(developmental losses),特别是与"口唇"(oral)相关的(Abraham,1924a),如由于一个兄弟姐妹的出生而失去母亲的乳房或母亲的爱(Volkan & Ast,1997)。哀伤者也重新激活了童年时期的"分离-个性化"焦虑(Mahler,1968)。通过谋杀、自杀或其他类似悲剧所表达的愤怒可能会在悲伤或哀伤时潜意识地与哀伤者的"正常"愤怒水平联系起来。与丧失客体心理表征的斗争可能会增加,导致抑郁。

神经生物学

由于在经历重大丧失后,一个人会在悲伤、哀伤或抑郁过程中表现出身体症状,因此有必要了解许多器官功能紊乱的含义,尤其是在抑郁期间。抑郁症的神经生物学发现能否与精神分析相结合,并给弗洛伊德关于抑郁症的基本理论提供支持?芬兰库奥皮奥大学(Kuopio University)的神经生物学家和精神分析学家约翰尼斯·莱赫托宁(Johannes Lehtonen)及其同事对抑郁症的神经生物学研究做出了重大贡献(Laasonen-Balk et al.,2004;Lehtonen,2006;Saarinen et al.,2005),并试图回答这个问题。库奥皮奥研究表明,养育体验改变了婴儿的身体状态(Lehtonen et al.,2002)。根据莱赫托宁(Lehtonen,2006)的研究,这样的体验在身体自我(身体自体)中创造了一个类似矩阵的结构,在这里,情感的身体意识出现了——由于婴儿的不成熟,它还不能通过语言交流获得。莱赫托宁指出,我们有机会"认识到存在于早期自我形成和抑郁症症状的心理生物学中的相似之处,这涉及睡眠和食欲的调节，以及体验情感的能力，包括幸福感或萎靡感，痛苦-快乐轴的调节，以及总体活力与疲劳和耗竭感的对比"。因此，库奥皮奥的研究试图说明婴儿表达关爱需求的"情感哭泣信号"与悲伤或沮丧的哀伤者所经历的悲伤或绝望信号之间的相似性。莱赫托宁总结道："于是，客体丧失的致病意义及其典型后果影响了原始早期口欲人格层面，这与个体的幸福感如此强烈相关，正如卡尔·亚伯拉罕（Abraham, 1924）在阐述弗洛伊德的抑郁症观点时指出，抑郁是对客体丧失和哀伤的一种致病性的内化。"

长期哀伤者（perennial mourners）

一个人哀伤过程中的并发症并不总是导致抑郁，但可能会导致另一种《哀伤与忧郁》中没有描述的结果：一些成年人无法将他们的哀伤进行实际的总结，而成为"长期哀伤者"，这种情况可以表现出不同程度的严重性。一些长期哀伤者过着悲惨的生活，而另一些人则用更有创意的方式来表达他们无尽的哀伤。然而实际上，对于这些人中的大多数来说，当他们不再沉迷于创造性的工作时，也会感到不舒服。

一个长期哀伤者，在很大程度上，不能认同丧失客体精神表征的丰富性以及与这种精神表征相关的适应性自我功能。这种哀伤者找不到"合适的存储库"来外化对丧失的人或物的表征。另一方面，哀伤者并没有完全认同丧失的客体表征，换言之，也没有经历一个"正常"的哀伤过程，或发展出抑郁症。相反，这些哀伤者将丧失的人或物的客体表征保留在他们的自体表征中，作为一个特定的、未被同化的"异物"。在精神分析文献中，这种未同化的客体表征或客体意象被称为"内射"（introject）。

内射是一种客体表征或特殊的客体意象，拥有它的个体希望能够认同它。但这种认同并没有发生，客体表征或特殊的客体意象，以其自身的"边界"，作为一种未同化的心理结构存在于个体的自体表征中。内射会过度影响内射者的自体表征。长期哀伤者经常使用自我机制来处理内射。虽然"内射"一词现在很少在精神分析著作中被使用，但我建议应该保留它，因为它对于解释长期哀伤者的内心世界是最有用的。

一个男人来见我，抱怨说他的弟弟每天都在打扰他，他不知道该如何处理这种情况，为了摆脱弟弟的影响，他寻求治疗。他解释说，在开车去上班的路上，弟弟不断地和他聊天，给他提各种各样的建议，甚至是在他想要独处，或者想听汽车收音机的时候。例如，患者的弟弟建议患者在会见老板或与工作中的某个秘书谈话时应该如何表现。我的患者不喜欢他弟弟的建议，偶尔会叫他闭嘴，但弟弟还是继续说个不停，惹恼了他。我还了解到，在他们年幼的时候，我的患者经历了相当多的同胞竞争。在我的脑海里，我想象着我的患者坐在车里，他的弟弟坐在他旁边。我甚至想象我的患者和他的兄弟住在同一间房子里，或者至少住在附近，这就可以解释为什么他们每个工作日都一起骑车去市中心商业区。因此，当我的患者在第六次治疗时告诉我他的弟弟六年前死于一场事故时，我真的很惊讶。他开车上班时与之交谈的"弟弟"，实际上是他弟弟未被同化的客体表征。这个患者觉得那个丧失者的心理表征卡在他的胸腔里。有时他体验到这个客体表征就像一个玩偶大小的弟弟坐在他的一个肩膀上，准确地说，是一个象征性的重量在他的肩膀上。但大多数时候，"弟弟"就在患者的身体意象里。

对一个丧失的人或物进行"内射"，会给沉浸在内心矛盾斗争中的长期哀伤者带来不愉快的后果。这反映在长期哀伤者的主观体验中，即既强烈渴望丧失的人或物恢复存在，又对面对丧失者感到深切的恐惧，他在其中左右为难。内射的存在提供了一种选择的幻觉，而不是解决方案。一个长期哀伤者每天花费精力去"杀死"或"复活"失去的人或物。这种全神贯注的严重程度因人而异，在严重的情况下，这种挣扎使哀伤者很难适应日常生活。长期哀伤者总是强迫性地阅读讣告，这不仅暴露出他们对自己死亡的焦虑，也暴露出他们试图否认他们所哀伤的人的死亡，因为他们在报纸上找不到相关报道。一些这样的哀伤者幻想着他们能在远处遇到的活着的人身上看到他们失去的东西。例如，一个二十五岁左右的男人非常清楚他的父亲三年前就去世了，但他经常会"看到"父亲走在他前面的拥挤的街道上。他会跑过去追上那个他以为是他父亲的人，然后再回头确认那个人不是他的父亲。长期哀伤者每天都以一种仪式化的方式提及死亡、坟墓或墓地，并且用现在时谈论死者。听众得到的印象是，讲话者的日常生活与逝者发生着实际的联系，逝者仍在看着他或她。如果丧失的是一样东西，那么长期哀伤者就会反复想象找到和失去这个东西的情景。有时，对"失去"和"找到"的关注会变得泛化。例如，一个长期哀伤者的朋友们可能知道他经常丢失车钥匙，然后又会在意想不到的地方找到它。

许多长期哀伤者在谈到自己的梦时，会自然而然地使用"冻结"（frozen）这个词。我认为这个词反映了他们内心的感觉，他们陷入了哀伤的过程。它也反映了毫无生机的含义。冻结的梦通常是由一个接一个的画面组成，画面上没有任何动态。这类人通常也会梦见一个已经死亡或丧失的人仍然活着或存在，但却在生死搏斗中挣扎。然后，做梦的人会试图去救那个人或那个东西，或者去结束他、她或它。结果是不确定的，因为做梦的人总是在梦中的情况得到解决之前醒来。例如，一个长期哀伤者不断重复着从一辆燃烧的小车里救出丧失者的梦。每次他都会在知晓自己努力的结果之前醒来。长期哀伤者也会梦见看到尸体，但却也注意到一些与之相关的事情——比如出汗——这否认了死亡的真实性。

长期哀伤的上述特征并不能使长期哀伤者成为精神病患者。例如，除了在开车去上班的路上与死去弟弟的客体表征交谈外，我上面描述的这位患者仅仅只是患有神经症性障碍。除了与他的内射交流外，他没有经历过与现实的任何决裂。长期的哀伤可能会类似一种精神病状态，临床医生需要保持警惕，不要将其与精神分裂症或相关的过度退化状态相混淆。

链接客体和现象

为了进一步研究我称之为"长期哀伤者"个体的心理动力学，让我们回到那个在开车去上班的路上与他死去的弟弟的客体进行对话的患者。我们记得，有时他觉得他的肩膀上坐着一个小小的"身影"。这个想象出来的形象是他弟弟内射的外化。在1972年，我创造了"链接客体"（linking object）和"链接现象"（linking phenomenon）两个术语来描述丧失的人或事物的外化。我的患者"创造"了这个虚构的人物,这就是他的链接现象。通过感受他肩上的一个人影,该患者把自己和他死去的弟弟联系了起来。对于一个长期哀伤者来说,有时一首歌、一个手势,甚至某种特定的天气状况都可以作为一种链接现象。例如,哀伤者在葬礼上注意到某些类型的云。在后来的生活中,每当天空中出现类似形状的云,哀伤者就会在情感上与死者的客体表征产生链接。

然而,大多数长期哀伤者会使用一些具体的无生命或有生命的物体,比如一张特殊的照片,它象征着对一个丧失的人或物的精神表征和哀伤者相应的自体表征之间的一个交汇点。我称这样的客体为"链接客体"。长期哀伤者从他们周围的各种物品中"选择"一个无生命的链接客体,它可能是死者的私人财产,通常是死者日常佩戴或使用的东西,比如手表。死者在生前送给哀伤者的礼物,或者战场上的士兵在被杀前写的信,都可能演变成一个链接客体。对丧失者的真实再现,如照片,也可以起到链接客体的作用。我所称的"最后一刻客体"(last-minute objects)也是如此——当哀伤者第一次得知死者的死讯或看到尸体时,他们手中的物品与死者生前最后一刻相关,它们被视为一个活人。

有时,与哀伤的心理动力学有关的客体会在丧失发生后很快被"选择",但是当这些物件具象为链接客体时,拥有这一客体的个体就成为长期哀伤者。一旦一件物品真正演变成一个链接客体,长期哀伤者会觉得它是"神奇的",并且可能会把它藏起来,同时需要知道它的下落,因为它必须受到保护和控制。因为对个体而言,控制一个无生命的东西比控制有生命的东西要容易得多,大多数链接客体都是无生命的东西。如果一个链接客体丢失了,长期哀伤者会体验到焦虑,且通常是很严重的。但也有有生命的链接客体,例如宠物。我和格鲁吉亚的一个难民家庭一起工作,他们用狗作为链接客体。当他们被迫离开家时,他们的狗查理被留了下来,他们后来得知了他的死讯。一天,在他们悲惨的新住处,他们注意到一只长得像查理的狗。这家人收养了这只狗作为他们的新宠物,取名为"查理",并把它作为一个链接客体——我在其他文章中也详细描述了这个故事(Volkan,2006)。

通过创建链接客体或现象,长期哀伤者适应了哀伤过程中的并发症;哀伤者使得哀伤过程"永无止境",从而避免面对他们与死者或丧失客体的客体表征之间的冲突关系。通过控制链接客体,长期哀伤者控制了他们"找回"(爱)或"杀死"(恨)丧失者的愿望,从而避免了这两种愿望中的任何一种所带来的心理后果。如果死去的人起死回生,或者丧失的客体被找回,哀伤者会觉得有责任永远依靠它。如果死者或丧失的东西被"杀死",哀伤者现有的愤怒会引起内疚负罪感。

外部世界中的链接客体包含张力,这种张力产生于与丧失给哀伤者造成的自恋性损伤相关的矛盾性和愤怒。由于链接客体或现象是"在外"(out there)的,哀伤者的哀伤过程被外化了。当一张照片被锁在一个抽屉里,哀伤者本质上是把复杂的悼念过程"隐藏"在同一个抽屉里,他们需要的只是知道照片在哪里,以及它是否被安全地藏起来了。在丧失纪念日,抽屉可能会被打开,照片会被浏览和触摸,但一旦哀伤者感到焦虑,照片就会被再次锁起来。

不应将链接客体和现象与儿童期过渡性客体和现象(transitional objects and phenomena)在成年后的重新激活相混淆(Winnicott,1953)。当然,也有一些严重退行的成年人,比如一些患有精神分裂症的人,他们重新激活了童年时期的过渡性联系,并可能"重建"过渡性客体。一个过渡性客体代表了第一个非我(not-me),但它绝不是完全的非我。它把非我和母亲我(mother-me)联系起来,而这是一种通向现实感的临时建构(Greenacre,1969)。链接客体包含高级象征。它们必须被认为是包装严密(tightly-packed)的象征,其意义与丧失发生之前意识和潜意识的微妙关系紧密联系在一起。不是每一个哀伤者所珍爱的信物或纪念品都应该被视为具有重大象征意义和魔力的链接客体。链接客体或现象是哀伤者和丧失的人和物的表征之间的外在桥梁,就像内射作为内在桥梁一样。

最初,在我数十年对悲伤和哀伤的研究中,我关注的是链接客体和链接现象的病理学方面,我认为它们的存在只是一个哀伤者"冻结"哀伤过程的标志。后来,我写道,链接客体或链接现象作为灵感的来源,为一些个体的创造力指点了方向(Volkan & Zintl,1993)。复杂的哀伤仍然存在于这些人身上,但现在它已经以艺术的形式被表现出来了。我认为,把一个创造了

"泰姬陵"的人称为"病态的"是不恰当的。

我还了解到,在某些有利的条件下,链接客体可以在丧失发生很久之后,重新启动"正常"的哀伤过程。我采访了美国二战孤儿网的100多名成员,他们现在都已经五六十岁了。这些人在二战期间失去了父亲,那时他们还很小,甚至是在出生之前,因此他们成为长期的哀伤者。1991年,他们成立了美国二战孤儿网并开始分享他们的故事。当他们把注意力集中在丧失上时,他们就像成年的哀伤者一样,通过使用一个已经存在的链接客体,或通过发现或创造链接客体重新开始了他们的悲伤和哀伤过程(Volkan,2006)。2004年阵亡将士纪念日那天,我和他们中的许多人一起参加了在华盛顿特区举行的二战纪念馆开幕仪式。这座纪念馆成为他们共同的链接客体。

社会哀伤:共享链接客体、代际传递以及权利意识

将纪念物作为共享的链接客体进行检验,是一种开始理解所谓的"社会哀伤"的方式。人为或自然灾害会造成百千万人共同经历的重大丧失和变化,无论他们是否是亲戚,是否曾经谋面。居住在同一城镇、同一国家,同属于某一种族、民族或宗教团体的人,可以参与"社会哀伤"或"大群体哀伤"。自然或人为的意外灾害不会故意使物理环境蒙羞、受辱、非人化、遭到杀戮或破坏。但在战争或类似战争的情况下,损失往往伴随着共同的屈辱感和无助的复仇愿望。敌人造成的巨大创伤永远不会是区域性创伤。几乎所有属于同一大群体认同的人,例如属于种族或国籍确定的大群体特性的人,都会自动地感到受影响范围中人民的屈辱感和无助感。社会就开始表现得像一个长期哀伤的个体。这里我指的是由成千上万人组成的社会,他们分享一些深刻的观念和永久的相同感(Erikson,1956),并通过"大群体身份"(large-group identity)(Volkan,2006)在情感上联系在一起。显然,由于这样的社会是由个体组成的,大群体的进展反映了个体的心理。但是,对敌人所作所为的共同反应,通过成为可识别的社会表达,甚至是政治意识形态,呈现出它们自己独有的特点。在本节中,我只研究了三个可能伴随着社

会哀伤的过程——从某种意义上说，是三种症状：纪念碑的建立、"被选择的创伤"的演变，以及权利意识形态的确立。

纪念碑

建立纪念碑是社会哀伤的一种常见的社会表达方式。扬（Young，1993）将所有的记忆场所都视为纪念碑。他指出，例如，纪念物可以是一天或一次会议，而不需要是纪念碑；但他补充说，纪念碑永远是一种纪念。通过建造纪念碑，社会——就像个体找到一个"合适的存储库"来存放丧失物品的图像——创造了一个外化的位置，参与到共同哀伤的过程中。建筑师杰弗里·奥克斯纳（Jeffrey Ochsner）说："我们不打算建造链接客体，尽管我们制造的物件确实可以以这种方式服务于我们。事实上，链接客体所起的作用并不要求它们是为这个目的而特意创建的物体（尽管它们可以是），也不要求它们是我们个人记忆中共享的物件（同样，它们也可以是）。"（Ochsner，1997，p168）

对一个为造成重大损失的灾难而建的纪念碑进行检验，往往能显示出一个社会处理共同哀伤过程及其复杂性的方式。有时，纪念碑作为一个共享的链接客体，从外部吸收不完全哀伤的未完成元素，帮助群体在不重新经历过去创伤的影响和不安情绪的情况下调整自己的现状。大理石或金属结构给人一种坚不可摧的感觉，使得纪念碑成为一个"心理容器"（psychological container），在这里，一个社会的共同哀伤留下的不愉快情绪可以被封存起来。

几十年、几百年过去，一个社会会围绕着纪念碑举行一些仪式，纪念碑就成为一个共享的链接客体。流逝时间的治疗效果会改变纪念碑的功能。它们可能成为旅游景点或艺术珍品，其他则逐步成为无数共同认知的象征。

选择创伤

"选择创伤"（chosen trauma）是一个大群体对历史上遭受灾难性损失、羞辱和无助事件的共同心理表征（Volkan，1991，2006）。当受害者群体的成员无法为失去亲人而悲伤，无法扭转羞辱和无助的情绪时，他们就会把自己受伤的形象和需要完成的心理任务传给后代。这些继承下来的图像和任务包含了对同一历史事件的引用，几十年过去，这个事件的心理表征将大群体中的所有个体联系起来。这一过程被称为"创伤的跨代传递"（Volkan，Ast，& Greer，2001）。虽然检查代际创伤是如何发生的，这超出了本章的目的，但值得注意的是，这类事件的心理表征可以以重要的大群体身份标记的形式出现。

选择创伤反映了社会中"长期哀伤"的存在，无论是积极的还是"隐藏"的经历。有时，政治领袖煽动选择创伤，以推动新的大规模社会运动，其中一些是致命的和恶性的。

最后的评论

《哀伤与忧郁》是弗洛伊德对精神分析学最重要的贡献之一，进一步推进了他关于自恋和认同的观点，并成为超我概念发展的基石之一。今天，我们也认为本文是关于内化客体关系的现代理论的先驱。在这一章中，我试图通过描述个人和社会的"长期哀伤"来补充弗洛伊德关于重大丧失的思想。提到社会哀伤的时候，我们应该记得，社会并不是一个拥有大脑的生物体，但是，在巨大的丧失之后，伴随着羞辱、无助和复杂性的大规模群体哀伤进程一旦开始，社会就开始拥有自己的生命，这有时会引发新的悲剧，并在历史上留下印记。

哀伤和创造力[1]

玛丽亚·克里斯蒂娜·梅尔加[2]（María Cristina Melgar）

豪尔赫·路易斯·博尔赫斯（Jorge Luis Borges）写道，苏格拉底（Socrate）死后，柏拉图（Plato）创作了《柏拉图对话录》（*Platonic dialogue*），以便能再次听到导师的声音。他补充说："有些对话没有得出任何结论，因为柏拉图在写作的时候认为……我猜想他的主要目的是产生这样一种幻觉，即尽管苏格拉底已经吃了毒酒，他仍在陪伴他。"（Borges，1967-1968，p22-23）

在《哀伤与忧郁》（Freud，1917e [1915]）中，弗洛伊德没有探讨哀伤与创造力之间的关系，而是探讨了忧郁中的抑制性。然而，哀伤和创伤都有负面影响，就像未解决的哀伤一样，但它也可能有积极的影响，能激发创造力。在这篇文章中，他没有回答一个问题，即一个人或一个理想的丧失，具体的或抽象的东西的丧失，是如何引发创造力的。尽管如此，弥漫在"哀伤

---

[1] 由海迪·F. 德布雷特（Haydee F. de Breyter）翻译。
[2] 玛丽亚·克里斯蒂娜·梅尔加是医学博士、精神病学家和精神分析师；她是阿根廷精神分析协会的正式成员，是该协会精神病部和文化委员会主席，也是其指导委员会成员和科学部顾问。她是 J. T. 波达精神病医院（J. T. Borda Psychiatric Hospital）的区域负责人，是布宜诺斯艾利斯大学和萨尔瓦多大学的教授，同时也是《艺术和精神分析杂志》（*Journal of Art and Psychoanalysis*）主任。她的著作包括《疯狂的形象》（*Images of Madness*）《爱恋激情》（*Love Enamouredness Passion*）《艺术与疯狂》（*Art and Madness*）《艺术与精神分析：从精神分析方法到与视觉艺术中的神秘相遇》（*Art and Psychoanalysis: From the Psychoanalytic Method to the Meeting with the Enigmatic in Visual Arts*），她也发表了许多论文。她参加了 IPA 首届跨学科研讨会的开幕式全体会议，并在其他 IPA 大会上呈报了她关于非临床精神分析经验的元心理学研究进展。她非常感兴趣于创伤的创造性方面、激情的疯狂和丧失体验的创造性方面，这些创造性带来新的构建，她的作品聚焦于技术和方法理论的演变，也聚焦于精神分析思想和发现本身。

与忧郁"中的复杂元心理学，充满模糊性和对抗性，尚未形成他后来发展出的理论，但就人类创造性地维持死亡所造成的丧失的方法和机制提出了一些想法，开辟了新路径。

在博尔赫斯的《柏拉图》（*Plato*）中，从哀伤的心灵中浮现出一种令人惊奇的新颖事物，一种精神在哀伤中创造，并由此产生了希腊思想的创新之作：《对话录》（*the dialogue*）。柏拉图是那些因哀伤而在世界上和在自己身上产生杰出的创造性作品的天才之一。博尔赫斯说，对物品、回忆和幻想的怀念，揭示了过去并不是没有生命力的负担，而是创造了一种继续生活的潜力。

精神分析的起源在某种程度上与弗洛伊德的哀伤有关。迪迪埃·安齐尤（Didier Anzieu，1974）指出弗洛伊德的创造性灵感时刻和他的哀伤具有时间上的相关，其哀伤唤醒症状，重新激活记忆和创伤，并让潜意识占据主导——他自己也在哀伤父亲死亡的过程中发现了这种关系，这是他精神分析作品发展的象征。

记忆和幻想

记忆和回忆——知识、语言描述和灵感的来源——在哀伤的修通中起着至关重要的作用。弗洛伊德在《哀伤与忧郁》一书中清楚地阐述了这一点："在每一份回忆和期待中，力比多与客体捆绑在一起，现在这些回忆和期待都被调出来并被高度地投注，与此相关的力比多分离就完成了。"一片一片地。这是对深刻记忆的特别面质，面质中蕴含着从客体中解脱出来的痛苦挣扎。更痛苦的是，"对失去所爱之人的反应，包含着同样的痛苦心境，同样失去对外部世界的兴趣——这样就不会回想起他——同样失去接纳新的爱的客体（这意味着要取代他）的能力，以及同样远离任何无关乎想到他的活动……""在哀伤中，世界变得贫瘠和空洞"。

过去到来，带着记忆和遗忘，带着记忆的短路和白日梦，试图把故事变成新的叙述。记忆和白日梦搅动着前意识，唤醒了它的潜意识根源，唤醒了旧的冲突。与忧郁症以及理论和临床上对抑郁症的含糊不清不同，哀伤并不一定意味着对沉闷的精神生活的悲伤，对丧失的哀怨，对过去或未来体验到的快乐的狂热赞颂。

唤醒客体的白日梦，承载着对哀伤的修通。哈罗德·布卢姆（Harold Blum，1999，p54）阐明了一种重要的关系，即从现在的抑郁时刻退行到过去的经历，再到为实现情爱欲望而赋予未来表征的想象创造。在朝向原始的运动中，贾宁·查舍古特·斯密盖尔（Janine Chasseguet-Smirgel，1999）以克莱因的思路强调了潜意识幻想的创造功能，并将这些幻想与身体和感觉的联系称为"躯体矩阵"（somatic matrix）。

退行通过哀伤的过程到达身体。没有被表现出来的感觉和情感的痕迹从躯体中浮现出来，从而为从意象到思想的路径增加一些新的东西。因此，最古老和最模糊的心灵层面从身体中升起，正因哀伤而疼痛和兴奋，有助于创造性地构建痛苦的心理场景。

安德烈·格林（André Green，2000）谈到了历史开始时的一个主要极点，这对退行至关重要。马德琳·巴朗热（Madeleine Baranger，2004）认为，主体与未知的每一次交遇（哀伤使自我突然要面对未知的死亡），驱力既采取退行策略，转向过去的秘密，甚至转向那些原始、古老或创伤的，无法形成表征的地方；也会前瞻性地转向隐喻性的、转喻性的未来客体。在哀伤中，心灵的创造力跨越了未知与已知之间的边界，跨越了丧失与即将恢复之间的边界。

在我看来，当我们关注创造力的时候，在哀伤中还有另一种东西会引起不同的共鸣，弗洛伊德用"令人费解"这个词暗示了这一点。我们试图在这里阐明（不忽略"哀伤与忧郁"中的思想）一些神秘而未可知的内容，它们存在于，当驱力开始丧失客体时，吸收记忆的潜意识模式中，或与经济相应的创伤因素中，或者在结构和死亡驱力之间的斗争中，当对客体的不满抹去了被自恋结构的镜像认同（specular indentification）占据的位置时，驱力可及的神秘领域中。换言之，哀伤沿着不同的路径展开，并处理神秘缺席的创造性潜力。

琼·拉普拉斯（Jean Laplanche，1992）关于神秘的想法是检验创造力的基础,也可以扩展到处理哀伤的过程中。典型的神秘信息,即在精神生活的早期阶段的原始诱惑,对婴儿和成人来说都是深不可测的,在很大程度上也为成人埋下了谜团。在其他痛苦(但不是毁灭性的哀伤和创伤)中,神秘的东西仍然是潜在的对精神表征力量的刺激,甚至是古老的过去,在那里,共生首先是一个满足需要的空间,然后是一个封闭的空间。在身体的精神进化过程中,共生关系中婴儿兴奋的身体以及成年人兴奋的身体作为兴奋的痕迹被保留下来,当两者都丧失对方时,就发现了缺失和自由。即使如此,客体的真正丧失,在各种俄狄浦斯情结和前俄狄浦斯情结的分化中,重新激活了古老的前因。

的确,新的哀伤重新激活了以前的哀伤和创伤的情景,而且每一次新的哀伤都带有这一刻的印记。记忆和重塑意义,弥补创伤性的空虚感的幻觉,由哀伤的经济、撤资、身体和精神痛苦产生的内部-外部空虚,过去和过去不能做的事,都随着时间的流逝而螺旋前进,这丰富了恩里克·皮雄·里维埃(Enrique Pichon Rivière)对线性时间的设定。

哀伤的作品最令人惊奇的方面是释放出来的运动的激情,它汇集了许多过去的感觉和画面。过去和现在相遇,自我尝试对它们重构和解构,以恢复客体的迷人和可爱的特点,恢复对所失之人或所失之物的喜爱。同样,随着向原始状态的退行,弗洛伊德认为"自我对外部世界中的客体的最初反应"是带有敌意的,并在其关于否认的著作(Freud,1925h)中重新强调,于是客体的某些部分被排除在外,与自我格格不入。神秘的内在和神秘的外在,善良和邪恶,都在开放地追求一种创造性,而不放弃表征。

死者激发人们的想象力,想象力创造出哀伤的场景。死亡蔑视表征。然而,受难的人能够通过自己的哀伤经历创造出关于死亡的隐喻和场景,并表达在文学和艺术中,在数学和物理中,在弗洛伊德对木线轴(wooden spool)的理论思考中。哀伤使我们更接近快乐的痛苦,去构建我们永远不会知道的东西,我们永远不知道的关于死亡的秘密和已经丧失的东西。

认同和转化

朱利亚·克里斯蒂娃（Julia Kristeva，1994，p224）将哀伤定义为"一种丧失，这使我投入到时间中，让我去寻找过去，而这对我现在的身份认同来说是一种快乐的毁灭"。不可挽回的失去的时间和不可能发生的遭遇带来了"诱人的存在"。

弗洛伊德的发现是，通过一种身份认同来纠正痛苦的现实，这种认同将寻求客体转变为对存在的改造，并改变了运动中的同一性的结构概念。当然，在丧葬的演变过程中，身份认同会因创伤的强度或历史中隐藏的解释学差异而有所不同。对一个人、一种品质或精神功能的大量认同，不能等同于对丧失的有益破碎力量的精神潜能的认同。我相信，如果我们指的是哀伤期间身份认同过程的创造性方面，那么转化的想法是恰当的。

大量的认同指明了前一段关系的质量以及在演变过程中的失败。梵高（Van Gogh）在他父亲死后几个月在安伯斯所作的画作就证明了这一点。在三个月的时间里，他失去了一些牙齿，并承受着胃部和心脏的不适，他勃然大怒，染上性病，极度忽视自己的身体。与此同时，他第一次对自画像产生了兴趣，每当遇到危机或产生新的创作冲动时，他都会回到这一领域。在他著名的《拿着烟斗的自画像》（*Self-Portrait with a Pipe*）《骷髅和香烟》（*Skull with Cigarette*）和《窗户边的骷髅和猫》（*Skeleton with Cat at the Window*）中，他表现出对父亲被摧毁的、具有破坏性迫害及抑郁方面的认同。客体的阴影落在自我上，通过对死去父亲的积极面和消极面不加区分的认同，其作品揭示出，梵高一定已经能够脱离客体而获得解放。当然，梵高冒险进入了未被探索的领域，进入了快乐和痛苦体验的最深处，并由此创作出象征着忧郁哀伤的艺术符号。

那么，身份认同能弥补记忆无法弥补的丧失吗？它可能是一种具体化的东西，比梦这类事物更具体，是一种从中断的主体间性中留存下来的东西，它可以让不确定的东西继续构建历史和现实。这就是博尔赫斯在《柏拉图对话录》中发现的与苏格拉底的认同，它是一种非模仿的认同，这种认同将主体间性的转化潜力内化。

以血缘、爱、性或崇拜为基础的主体认同包含来自俄狄浦斯和前俄狄浦斯分层的,以及通过哀伤工作获得的拓扑密度的不同感觉,从不同角度重建记忆以及对主体性和世界的看法。

对客体及其关系的某些方面的认同仍然存在,并没有固定的品质在时间上冻结。我同意马德琳·巴朗热（Madeleine Baranger,2004）的观点,它是一个起点,是在心理中发展出一些不同之处的第一步,可以随着生活经历不断成长和改变。卡洛斯·阿斯兰（Carlos Aslan,2006）认为,认同的功能之一是"构造结构"（structure-making）。当缺失和认同在结构中产生了停顿和重构运动时,对哀伤的精神分析临床方法通常会描述该功能,因此所认同的并非等同于所丧失的。哀伤的悖论之一就是,丧失即得到。

来自身体和过去没有表征的记忆和驱力融合在对丧失的布景建造中。在我看来,这是记忆、潜意识幻想和想象对哀伤中创造力的贡献,从而为死亡的来临留出了精神空间。

身份认同是在哀伤期间创造性的另一个来源,前提是客体有独立的存在形式,而不是一个自恋的客体。

如果因为对不可能的渴望如此强烈,以至于这种欲望本身被消耗,同时也消耗了需要客体来维持结构平衡的快乐,那么认同就在将自我从无力中拯救出来的过程中起到了积极的作用。在处理哀伤的退行时,弗洛伊德认为,认同通过转向自恋来实现,但他指出,结构化的认同需要一个独立的——而不是融合的——客体。

先前与客体的共生关系往往导致无法解决的哀伤和非结构化的认同。威利·巴朗热（Willy Baranger,1961）曾描述过这种"死-活"（the dead-alive）的人,他们认同一种既不能再生也不能彻底死亡的客体。按照克莱因流派的思路,精神进化是正常的还是病态的,取决于一个人如何应对悲伤和抑郁。巴朗热认为,"死-活"属于克服婴儿抑郁状态的普遍阶段,也就是说,接受我们的客体死亡的事实。前提是未解决的早期共生关系,夹在虚弱、脆弱、易受伤害的部分自我和理想化的迫害客体之间。

对于自恋理论来说,"死-活"是一个想象的结构,它将自恋的激情隐藏起来,并分裂在一个高光永恒的幻想中。每一次新的哀伤都唤醒了自恋的激情,这种激情经常避开当前的哀伤工作,甚至将客体理想化和被害的方面吸引到自体身上。弗兰肯斯坦(Frankenstein)是玛丽·雪莱(Mary Shelley)19岁时在一个暴风雨夜创造的恐怖的形象,在拜伦(Byron)和雪莱的浪漫气息和现代科学的热情中,可以帮助读者找到由碎片构成的活着的恐怖幽灵,带着部分未解决的哀伤。就像弗兰肯斯坦一样,死-活人是由其他哀伤留下的死亡部分组成的。精神病学临床工作产生一个精神病理学的例子,自我被一种幻象吸引和认同,这是忧郁戏剧中否认身体和精神存在的性格和英雄,加之以夸大的无所不能为特征的科塔德忧郁(Cotard's melancholy,也呈现在神经质综合征的表现中)(Cotard,1882)。

然而,通常情况下,分析师会发现,在对当下哀伤过程的分析中,死-活人的激活最终杀死了还没有完全死去的部分。从客体中分离是通过认同实现的,它的幻象成分在重塑意义的链条中找到一个位置,或者加入新的升华。这种情况下,哀伤的积极方面不是构建新的东西,而是除去陷入自恋激情中的防御性屏蔽自恋和俄狄浦斯情结的成分(Melgar,1999)并给予其表征(也许是当他们形成时曾拥有的)和精神情景。

在结构化认同中,驱动快感的客体的缺失在哀伤中被积极地区别和转化。驱力只有通过创造性隐喻的路径才能变得充分和可能。我立刻想到了《追忆似水流年》(*A la recherche du temps perdu*)中玛德琳蛋糕(madeleine)的符号学力量。在母亲去世后,普鲁斯特(Proust)经历了词的选择,回忆和联想,收集对人、爱、恨的情感和想法的不同变化,在回忆了极其愉快的感官记忆后,普鲁斯特在令人难忘的、悦耳的、美味的玛德琳蛋糕中找到了有意义的隐喻。

另一方面,从原初客体的自恋中建立的认同,作为客体存在的自恋的镜像欢愉的参照(拉康的欢愉),是完全不同的。诺伯特·马鲁科(Norberto Marucco,1999,p70)称之为被动的初级认同,这些自恋身份认同导致了自我和驱力的早期牺牲,并随着来自自恋结构的新客体而再次出现。一个人死后抑郁痛苦的缓解或理想的丧失让我想到,随着客体的死亡,在自恋结构中分裂的部分也会死亡。初级认同，限制了驱力负荷，在近当前重复了早期的牺牲，在哀伤的工作中发现了被解构的可能性。在这条线上，力比多撤资期间的死亡驱力杀死了镜像欢愉，而这发生在自恋中。

哀伤结束时所体验到的重生感，接近于从共生与自恋的认同中解脱出来，这一刻给予自我以前瞻性的启示。感官快感的恢复表现在能够通过恢复的感官去感受、觉知和激动，这是哀伤的贡献，形成对原初性欲的神秘性的新的升华，以及对他人欲望的认同，而抹除主体创造性的神秘性的升华。

从哀伤和创伤到创造性的孤独

当面对一个打破了意象、语言和外部世界之间的象征性联盟丧失时，哀伤和创伤结合起来。面质紊乱、撤资和创伤性空虚，幻像化出现以减轻负面影响（Baranger et al., 1987）。在哀伤中，另一种因果关系，现在是在空虚和记忆幻化之间，产生了心灵的创造力，尽管总有一些神秘的东西没有再意义化。在目前的哀伤中，其他哀伤和创伤情况的重新激活既有积极的一面，也有消极的一面。其中，第一点就是死亡导致的缺席成为一个与未知再次相遇的地方。

哀伤的丧失和创伤的空白是不一样的。哀伤中的主体知道他失去了谁，尽管他不知道他失去了什么，而创伤的自我重复着空虚和痛苦。哀伤的修通带来现实原则和活下去的欲望，但从客体分离并不意味着精神现实的总体超然：重新经历痛苦和怀旧的欲望在未来的时间里创造了过去的东西。当这种决心达到它最积极的形式时，体验会搅动潜意识的力量，使之能够创造性地在创伤性的荒谬和未知的死亡之间发挥作用。

毫无疑问，艺术让我们瞥见了哀伤的一种创造性转变，从而揭示或暗示了沉默表征的美学升华（Melgar, 2005）。在卡帕乔（Carpaccio）的《圣奥古斯丁的幻象》（*Saint Augustine's Vision*）中，圣人在写作中被圣杰罗姆（Saint Jerome）的幻象打断，圣杰罗姆宣布了他的死亡。卡帕乔并没有描绘出画面，而是照亮了房间里的空旷空间，这种光线呈现出一种现实的效果。这个狭窄的窗口是无形的死亡进入场景的切入点，圣奥古斯丁的表情揭示了惊讶，因为一些意想不到的事情打断了行动，让文本中断。卡帕乔才华横溢，思想深邃，描绘了死亡留下的空虚。

在我看来，升华的空虚激发了哀伤的一种创造性机制。这种机制并不在于用巴洛克式的、不放弃完整性的想象来填补空虚，也不依赖于消极的幻觉。相反，它将历史和事件置于一个时刻，此时失去的意义被经验中感知的事物吸收。

乔治·波洛克（George Pollock，1975）在他对音乐和精神分析的研究中提出了哀伤可以通过音乐作品来体验的观点。他承认受到过去哀伤的影响，但他强调，在葬礼音乐中，作曲家是在哀伤自己的死亡———一种由音乐构成的哀伤。基于自体理论，波洛克相信，对自体的身体和心理解体或衰败的想象产生了音乐作品，实际上意味着对自己死亡的哀伤。莫扎特明确地说，《安魂曲》（the Requiem，他未完成的作品）是为他自己的死亡而作。因此，音乐不仅仅是一种产品，也是哀伤本身，失去身体和灵魂的痛苦在作品的语言中被呈现出来。

在所有的艺术中，音乐尤其是在表演的过程中集合了作品的存在及其结论。能够将记忆和抽象形式结合在一起的音乐天才，可能有能力像代数一样，减去声音的响度，从而达到自己消失的终极响度。虽然它表达了毕达哥拉斯的理想（Pythagorean ideal），即音乐和数学之间的互动提供了美和自由，但我们不应该忘记当哀伤吞噬自我时所产生的毁灭性影响。

从另一个角度看，当我们面对肉体、知识和表征的有限性时，创造的欲望似乎集中在本质上。给死亡以形状和声音，或者更确切地说，给死亡以哀伤，是生命的一部分，是情欲的一部分——为什么不呢？——是对不朽的自恋欲望的一部分。通过创造力达成哀伤的悖论，并不局限于音乐，它应该包括文字中的音乐以及其他不同外在和内在的创造力形式。诗人也写下了他们的安魂曲。博尔赫斯让我们注意到在罗伯特·路易斯·史蒂文森（Robert Louis Stevenson）的《安魂曲》（Requiem）中，欢乐哀伤的音乐性和诗意价值：

> 在繁星满天的荒野下，
>
> 为我挖一个坟墓，让我躺下。
>
> 我生得高兴，死得高兴，
>
> 躺下时我心甘情愿。

哀伤期间对丧失的接纳促使驱力到达对过去和未来的未知，通过所有可能的路径：寻求其他爱的客体，在对知识的热爱中，在征服未知世界过程中，在身体意象与思想的意外相遇中，试图发现新的东西。

身体感觉到了，没有获得精神铭刻的痕迹也为之奋斗。如果没有一种哀伤的病理性拘捕，身体的痛苦感觉和客体的消逝就会唤醒灵魂中的创造力。无法达到的情感、幻觉和谵妄现象，人格解体和疏离，心身或神经症状都是潜在的大熔炉。这对于忧郁的相关问题或精神病来说是消极的，而对于可塑性来说是积极的（Botella et al., 1990, p61-67），对于试图用感知的语言来驯服哀伤中的创伤性想法的象征练习是积极的（Freud, 1940a [1938]）。在这个世界上，除了对失去的东西感兴趣之外，没有其他的兴趣，要想克服这种沮丧和空虚的时刻，就必须接受与客体的分离。即使哀伤无法克服对日常快乐的排斥，对客体的渴望受挫并转变为施虐受虐，内心的孤独也开始令人愉快。那些作者，特别是温尼科特（Winnicott），认为在没有破坏性痛苦的情况下修通的丧失，是母亲及主要照料者的作用，这确保了其独处的能力。

盖伊·罗索拉托（Guy Rosolato, 1996）指出痛苦的孤独是悲伤和忧郁的核心。它可能表现为内疚和迫害前的防御性孤立，或试图避免痛苦的情感。罗索拉托还强调了在宁静和创造性的隐居中存在的进化力量，它使主体远离其他满足，并提供了沉默练习的内部-外部框架。在存在与不存在之间、说过与没说过之间、言语与情感之间的边界上，存在着一种沉默状态。这种解决哀伤的创造性孤独并不排除对升华所必需的理想的恢复，也不排除对创作的创造性影响。

哀伤的工作

精神分析学发现，为了构建精神结构和语言，为了构建自我的功能和主体的感受、想象、思考和创造的自由，有必要失去需要和爱的客体。精神的进化承载着悲伤和创伤的印记。在《哀伤与忧郁》中，客体、驱力和认同是目前哀伤的中心，但相关过程的结果却超越了任何线性逻辑。关于创造力的精神分析思维应该考虑哀伤的复杂性和矛盾性。

丧失一个可能独一无二、不可替代的客体并不会削弱创造力，甚至可能会增强创造力，这似乎有些矛盾；牺牲自我的创伤性空虚或缺失会吸引驱力，无论其投资如何变迁；这种缺失是通过认同来补偿的，认同唤醒了身份；自恋的痛苦解开了先前束缚和镜像监禁（specular prisons）的自恋结构。

哀伤的工作可以带来创造性的可能途径，这种途径可以在精神上产生转变，也可以是未来作品的萌芽。哀伤是一个修通的过程，它引导人们接受失去的东西。每一刻都蕴含着潜在的希望。然而，修通和创造可能并不一致，创造力并不共享哀伤的特殊机制，可能会远离甚至忽略修通。

尽管产品的价值和原创性有时无法阻挡破坏性的野蛮力量，但那些在幼年时期经历过痛苦哀伤的伟大创造者的作品证明了自我是如何从灾难中创造性地产生出来的。安德烈·格林（André Green，1983a）把孩子被母亲无情地剥夺创造力的那一刻与创造力联系起来（如果孩子在婴儿期死亡，那就更悲惨了）。当收集被撕裂的自我碎片的企图发生在幻像区时，艺术无法保护自我免受创伤的影响。伊西多尔·杜卡斯（Isidore Ducasse）[洛特雷阿蒙伯爵（Comte de Lautréamont）]，超现实主义的优秀先驱，在 18 个月大的时候失去了母亲。马尔多罗之歌（*The Songs of Maldoror*）中亲切的亵渎似乎暗示着人们陷入了可怕的哀伤之中。让我们回忆一下第二支歌："幽灵滴答着它的舌头，好像在对自己说它将停止追逐……它谴责的声音即使在最遥远的空间也能听到，当它可怕的嚎叫穿透人心时，人们说，后者宁愿母亲的死亡而不愿儿子的悔恨。"洛特雷阿蒙 24 岁时在巴黎去世，但他已经在一个被害和充满内疚的幻想中上演并体现了早期的哀伤。

以当前哀伤为材料的作品表现出的一些特点，促使我们对哀伤作品进行探索，以明确其在精神和文化生活中对创造力的贡献。

无论何时，创伤的幻影与失去的记忆、幻想、死亡的场景交织在一起——哀伤中痛苦的原因和后果——都有助于丰富对死亡之谜有限的认识。对丧失客体积极特征的认同，对于身份的流动具有重要意义。此外，这是朝着与丧失的客体建立一次预期的对话迈出的重要一步。接受丧失会导致空虚的理想化和升华，这鼓励了神秘的潜在性。最后，表征与感觉的分离获得了另一个价值：它邀请身体再次走上通往心灵的感官之路，为隐喻和转喻铺平了道路。

综上所述，哀伤的创造性方面的演变取决于保持对未知渴望的能力。

客体关系理论起源新解读[1]

托马斯·H. 奥格登[2]（Thomas H. Ogden）

有些作家写他们想什么，另一些作家想他们写什么。后者似乎是在写作过程中进行思考的，就好像思想是由纸和笔的结合而产生的，作品在写作过程中被意外地展开。弗洛伊德在写作他许多最重要的著作和文章时，包括《哀伤与忧郁》（Freud，1917e［1915］），就是这类作家。在这些著作中，弗洛伊德没有试图掩盖他的足迹，例如，他错误的开始、他的不确定性、他思维的颠倒（常常在句子中间出现）、他暂时搁置的一些令人信服的想法（因为它们对他而言似乎过于投机或缺乏足够的临床基础）。

弗洛伊德留下的遗产不仅仅是一套观念，而且同样重要的，与这些观念密不可分的是，一种新的思考人类经验的方式，它产生了人类主体性的新形式。从这个角度来看，他的每一篇精神分析著作同时都是对一系列概念的阐释，也是一种新创造的思考和体验自我的方式的展示。我之所以选择仔细研究弗洛伊德的《哀伤与忧郁》，有两个原因：首先，我认为这篇论文是弗洛伊德最重要的贡献之一，因为它第一次系统地发展了一条思路，后来被称为

---

[1] 本文脚注文字版权归伦敦精神分析研究所所有。

[2] 托马斯·H. 奥格登是精神疾病高级研究中心（Center for the Advanced Study of the Psychoses）主任，北加州精神分析研究所（Psychoanalytic Institute of Northern California）的督导和个人分析师，也是旧金山精神分析研究所（San Francisco Psychoanalytic Institute）的教员。他的著作有《精神分析艺术：做意外之梦及被打断的哭泣》（*This Art of Psychoanalysis：Dreaming Undreamt Dreams and Interrupted Cries*）《梦境边界的对话》（*Conversations at the Frontier of Dreaming*）《幻想和解释：感知人类的东西》（*Reverie and Interpretation：Sensing Something Human*）《分析的主题》（*Subjects of Analysis*）及《体验的原始边缘》（*The Primitive Edge of Experience*）。他获得了 2004 年《国际精神分析杂志》年度最重要论文奖。

"客体关系理论"❶（Fairbairn，1952）。从1917年开始，这一思路在塑造精神分析方面起到了重要作用。第二，我发现，密切关注弗洛伊德的作品，如《哀伤与忧郁》，不仅提供了一个非常好的机会来聆听弗洛伊德的思考，而且通过写作，与他一起进入思考过程。通过这种方式，读者可以学到很多关于弗洛伊德在文中创造的新思维形式（及其伴随的主观性）的独特之处。❷

弗洛伊德在1915年初用了不到三个月的时间写就《哀伤与忧郁》，这段时间对他来说，充满了巨大的思想和情感的动荡。当时欧洲正处于第一次世界大战的阵痛中。尽管弗洛伊德发表了抗议，他的两个儿子还是自愿服兵役，在前线作战。与此同时，弗洛伊德也受到了知识分子的强烈煽动。在1914年和1915年，弗洛伊德写了一系列的12篇文章，这是自《梦的解析》（*The Interpretation of Dreams*）（Freud，1900a）出版以来，他对精神分析理论的第一次重大修正。弗洛伊德的意图是将这些论文作为一本名为《元心理学入门》（*Preliminaries to a Metapsychology*）的书出版。他希望这个系列能够"为精神分析提供一个稳定的理论基础"（Strachey，1957a，p105）。

1915年夏天，弗洛伊德给费伦茨写信说，"这12篇文章已经准备好了，正如其所是"（Gay，1988，p367）。正如短语"正如其所是"（as it were）所提示的，弗洛伊德对他所写的东西心存疑虑。只有五篇论文——都是具有开创性的论文——被发表，《本能及其变迁》（*Instincts and Their Vicissitudes*）《压抑》（*Repression*）和《论潜意识》（*The Unconscious*）在1915年以期刊文章的形式发表，《梦的理论的元心理学补充》（*A Metapsychological Supplement to the Theory of Dreams*）和《哀伤与忧郁》虽然完成于1915年，但直到1917年才出版；弗洛伊德销毁了其他七篇文章，他

---

❶ 我用"客体关系理论"这个术语来指一组精神分析理论，这些理论有一个共同的松散的隐喻集合，用来描述潜意识的"内在"客体之间的关系（即潜意识的人格分裂部分之间）对心理和人际的影响。在弗洛伊德精神分析理论中，这一组理论与许多其他相互重叠、相互补充，且经常相互矛盾的思维方式（每一种都使用不同的隐喻）共同存在。

❷ 我之前曾讨论过（Ogden，2001b）在一个非常不同但同样重要的精神分析贡献中，思想活力和写作生活的相互依赖：温尼科特的《原始情感发展》（*Primitive Emotional Development*）（Winnicott，1945）。

告诉费伦茨，这些文章"应该被压制和沉默"（Gay，1988，p373）。这些文章连他最亲密的朋友也没有看过。弗洛伊德让这些文章"沉默"的原因在精神分析史上仍然是个谜。

在接下来的讨论中，我将《哀伤与忧郁》这篇文章分成五个部分，每个部分都包含了对哀伤和忧郁的潜意识工作的分析性理解的关键贡献；与此同时，我审视了弗洛伊德如何将对这两种心理状态的看似聚焦的探索，作为一种工具，既含蓄又明确地介绍了其潜意识内在客体关系理论的基础。❶

I

弗洛伊德独特的声音在《哀伤与忧郁》的开头句中回荡："梦在我们的日常生活中是自恋性精神障碍的原型，现在我们试图通过将其与哀伤的正常情感进行比较，来阐明忧郁的本质。"（p243）

在标准版的 23 卷中，我们从弗洛伊德的作品中听到的声音非常稳定。这种声音是其他精神分析学家没有写过的，因为他们没有权利这样做。弗洛伊德创造性的声音是一个新学科之父的声音。❷ 在这开篇之句中，我们可以听到一些在阅读弗洛伊德作品时通常认为是理所当然的东西；在写这句话之前的二十年里，弗洛伊德不仅创造了一个革命性的概念体系，他还改变了语言本身。对我来说，令人震惊的是，在弗洛伊德的笔下，开篇的每一个词，不仅是这句话中的每一个词，而且是整体语言中的无数个词，都有了新的意义和新的关系。例如，句子开头的单词"梦"（dreams）是一个传达了丰富层次含义而且神秘的单词，而这在《梦的解析》（Freud，1900a）出版之前是不存在的。这个由弗洛伊德新创造的词主要是暗指：①一种被压抑的潜意识内心世界的概念，它有力但间接地作用于意识体验，反之亦然；②他认为性欲自出生起就存在，源于身体本能，表现为普遍的潜意识的乱伦愿

---

❶ 我使用斯特雷奇 1957 年翻译的《哀伤与忧郁》标准版作为我讨论的文本。解决与翻译质量有关的问题超出了本文的范围。

❷ 在写《哀伤与忧郁》不到一年之前，弗洛伊德评论说，没有人需要怀疑他在精神分析史上的角色："精神分析是我的创造；十年来，我是唯一关心此事的人。"（Freud，1914，p7）

望、弑父弑母幻想和对切割生殖器形式的报复的恐惧；③他认识到，梦是我们的潜意识和前意识进行必要对话的一种表现形式；④对人类符号进行彻底的重新概念化——每个个体的生活史既普遍又独特。当然，这个列表只是弗洛伊德新创造的单词"梦"所调用的含义的一部分。同样，"正常生活""精神障碍"和"自恋"这几个词之间以及与"梦"这个词之间的交流方式，在20年前是不可能出现的。句子的后半部分暗示本文将重新使用另外两个表示人类经验方面的词："哀伤"和"忧郁"。❶

当弗洛伊德比较哀伤和忧郁的心理特征时，《哀伤与忧郁》中心论点的逻辑由此展开：两者都是对丧失的反应，涉及"对生活正常态度的严重偏离"（p243）❷。在忧郁中，你会发现：

极度痛苦的沮丧、对外部世界兴趣的中断、丧失爱的能力、所有活动的抑制，以及自我关涉感降低到一定程度，在自我责备和自我辱骂中可找到相关表达，并且在一种对惩罚的妄想性期待中达到顶峰。（p244）

弗洛伊德指出，哀伤具有同样的特征——但只有一个例外："自我关涉感的紊乱"。只有在回顾时，读者才会意识到，弗洛伊德在本文中发展的论题的全部分量都建立在这一几乎是顺带而过的简单观察之上："在哀伤中并没有自我关涉感的紊乱，但是其他特征是相同的。"（p243）就像在每一本优秀的侦探小说中一样，所有解决犯罪的必要线索实际上从一开始就被清楚地列出了。

在探讨哀伤和忧郁的异同（只有一个症状上的不同）的背景下，本文似乎突然陷入了对潜意识的探索。在忧郁症中，患者和分析师甚至不知道患者失去了什么——从1915年的常识观点来看，这是一个了不起的观点。即使当忧郁的人知道他失去了一个人，"他知道他失去了谁，但不知道他内在失

---

❶ 弗洛伊德的术语忧郁（melancholia）大致上与目前使用的抑郁（depression）同义。
❷ 弗洛伊德评论说："我们从来没有想过要把……（哀伤）作为一种病理状态，也不会提到需要医学治疗……我们指望过了一段时间就能克服它，我们认为对它的任何干预都是无用的，甚至是有害的。"（p243-244）这一观察不言而喻是正确的，在1915年的维也纳可能就是这样。但是，在我看来，今天这种理解更多是口头上的，而不是真正的尊重。

去了什么"（p245）。在弗洛伊德的语言中有一个模棱两可的地方：忧郁者是没有意识到与客体的关系对他的重要性——"他失去了（正在失去）什么（正是忧郁）？"还是没有意识到，由于失去了客体，他自己失去了什么？不管弗洛伊德是否有意为之，这种模糊性微妙地引入了一个重要的概念，即忧郁症中客体丧失的两个潜意识方面的同时性和相互依赖性。一种是忧郁者与客体关系的本质，另一种是在对客体丧失的回应中自体的改变。

这（忧郁者对他所失去的东西缺乏意识）可以提示我们，忧郁在某种程度上与从意识中被撤退的客体-丧失相关，与哀伤相对比，在哀伤中与丧失相关的一切都不是潜意识的。（p245）

在他努力理解忧郁症中潜意识的客体丧失的本质时，弗洛伊德回到了哀伤和忧郁之间唯一可观察到的症状区别：忧郁削弱了自尊。

在哀伤中，世界变得贫瘠和空洞；在忧郁中，自我本身变得贫瘠和空洞。患者给我们呈现的他的自我是毫无价值的，没有能力实现任何成就，在道德上是卑鄙的；他责备自己，诋毁自己，期望被驱逐和被惩罚。他在所有人面前卑躬屈膝，并且同情他自己的亲戚，因为他们与这样一个没有价值的人联系在一起。他不认为在他内部已经发生了变化，而是将他的自我批评延伸到过去；他宣称他从来没有好转过。（p246）

弗洛伊德的思维模式在这里被重新诠释，更多的是通过他对语言的运用，而不是通过明确的理论陈述。在这一段中，主体-客体、我（I）-我（me）配对不断地变换；作为客体的患者责备、贬低、诋毁作为客体的自己（并且在时间上向前或向后延伸责备）。我们所暗示的，也是唯一暗示的是，这些主体-客体的配对超越了意识，进入了永恒的潜意识，并构成了忧郁中，潜意识里发生的事情，这在哀伤中没有发生。潜意识在这个意义上是一个比喻的空间，于此"我（I）-我（me）"配对是潜意识的心理内容，积

极地参与了持续永恒的主体（I）对客体（me）的攻击，这使自我衰竭（在此是一个过渡性的概念），变得"贫瘠和空洞"。

忧郁者是病态的，因为他与失败的关系与哀伤者不同。忧郁者并没有表现出人们所期望的那种羞愧感，即认为自己是"小气的、自我中心的、不诚实的"（p246），相反，他表现出了一种"迫切交流，这种在自我暴露中找到了满足"（p247）。每次弗洛伊德回到对忧郁者被削弱的自我关涉的观察时，他都利用它来阐明忧郁症潜意识"内部工作"的不同方面（p245）。这一次，观察以及由观察积累的一系列意义，成为一个新的自我概念的重要基础，在这一点上，线索如下：

……忧郁症患者的障碍所提供的关于人类自我构成的观点。我们看到在他（忧郁者）内部自我的一个部分如何与另一部分对立起来，批判性地评判它，就好像把它当作自己的客体。那个我们越来越熟悉的代理通常被叫作"良心"……我们将找到证据表明，它会因为自身原因而患病。（p247）

在这里，弗洛伊德从几个重要的方面对自我进行了调和。这些修正加在一起，首次构成了弗洛伊德新兴的关于潜意识内在客体关系的精神分析理论的一套基本原则：首先，自我，现在是一种包含意识和潜意识成分（"部分"）的心理结构，可以被分裂；其次，自我的潜意识分裂的一个方面具有独立产生思想和情感的能力——在批判性的部分发挥作用的情况下，这些思想和情感是自我观察的、道德的、评判性的；第三，自我的一个分裂的部分可能进入与自我的另一个部分共同形成的潜意识的关系；第四，自我分裂的一面可能是健康的，也可能是病态的。

Ⅱ

这篇论文在结构上变得非常类似于赋格曲，弗洛伊德再次以一种新的方式提出了哀伤和忧郁之间唯一的症状上的区别：

> 如果人们耐心地倾听一位忧郁症患者诸多不同的自我谴责，最后难免不会获得这样的印象，即这些谴责中最激烈的部分通常几乎完全不适用于患者自身，但是如果做一些无关紧要的修改，它们确实符合另外一个人，就是这个患者爱着的，或曾经爱过的，或应该爱的那个人……所以我们找到了这种临床图像的关键所在：我们认为这种自我责备是针对一个所爱客体的责备，这些责备被从客体身上转移到了患者自己的自我上。(p248)

因此，弗洛伊德似乎在写作时增强了观察的敏锐度，他看到了一些他以前没有注意到的东西：对忧郁者堆积如山的指控代表了对所爱客体攻击的潜意识置换。这一观察作为一个起点，弗洛伊德据此提出了他的客体关系理论的第二套要素。

在考虑忧郁者对所爱客体潜意识的责备时，弗洛伊德拾起了他在之前的讨论中提到的一条线索。忧郁症通常包含一种心理斗争，涉及对所爱客体的矛盾情感，如"在一个已经订婚的女孩被抛弃的情况下"（p245）。弗洛伊德观察到忧郁症患者不表现出丝毫的谦卑，尽管他们坚持认为自己是无价值的，"而且看上去好像他们觉得自己受到了轻视，受到了非常不公正的对待"（p248），弗洛伊德借此阐述了忧郁症中矛盾性的作用。他们强烈的权利感和不公平感"之所以成为可能，只是因为他们的行为中表达出来的反应仍然是由一种精神上的反抗集结所发出的，然后，通过某种过程，这种精神反抗集结变成了压抑的忧郁状态"（p248）。

在我看来，弗洛伊德似乎是在暗示，忧郁者对让他失望并对他造成"极大不公"的客体感到愤怒（而不是其他类型的愤怒）。这种情绪上的抗议/反抗被忧郁症压倒，这是"某个过程"的结果。正是对"特定过程"的理论描述，占据了《哀伤与忧郁》的大部分篇幅。

在下面的句子中，读者可以从弗洛伊德的声音中听到无可辩驳的兴奋："重建这一（转化）过程并不困难"（p248）。想法正在形成。从看似矛盾的观察的纠结中，某种明确性正在显现，例如，忧郁者严厉的自我谴责和自以为是的愤怒的结合。弗洛伊德以其非凡的灵巧，阐述了忧郁者从反抗（反抗他所遭受的不公正）到崩溃状态的心理过程，提出了一个全新的潜意识结构概念：

客体-选择是力比多对一个特定的人的依恋，（对于忧郁的人来说）这种客体-选择曾经存在过；然后，由于来自这个被爱的人的真实的怠慢或失望，这一客体关系支离破碎了。其结果并不是正常的将力比多（爱的情感能量）从这个客体中撤出并置换到新的客体上……（相反），客体投注（对客体的情感投入）被证明几乎没有阻抗的力量（几乎没有维持与客体联系的能力），而且投注也终止了。但是，这个获得自由的力比多并没有被置换到另一个客体上；它被撤回到自我中。然而，在那里……它（已从客体中撤回的爱的情感投资）服务于建立自我（的一部分）对这个被抛弃的客体的认同。因此，客体的这个阴影落在自我（的一部分）中，而自我从此以后可以被一个特定的代理（自我的另一部分）评判，好像它就是一个客体，那个被抛弃的客体。以这种方式，客体的丧失转变成自我的丧失，自我与所爱之人之间的冲突转变成（部分）自我的批判活动（后来被称为超我）与被认同改变的（另一部分）自我之间的分裂。(p248-249)

这些句子有力而简洁地证明了，弗洛伊德在这篇论文中开始从理论和临床的角度来写/思考潜意识和自我的配对、分裂方面之间的关系（即关于潜意识的内在客体关系）。❶ 弗洛伊德第一次把他新构思的修正后的精神模型集结成一个连贯的叙述，用更高层次的理论术语来表达。

---

❶ 弗洛伊德在《哀伤与忧郁》中运用了"内在世界"的概念，而克莱因（Klein，1935，1940，1952b）将这一概念转化为关于潜意识结构以及内在客体世界与外部客体世界相互作用的系统理论。在发展她的潜意识概念的过程中，克莱因对分析理论的关键性改变做出了巨大贡献。她将主导隐喻从那些与弗洛伊德的地形和结构模型相关的隐喻，转变为一组空间隐喻（spatial metaphors）（有些在《哀伤与忧郁》中被陈述，有些只是暗示）。这些空间隐喻描绘了一个由"内在客体"居住的潜意识的内在世界——自我分裂的各个方面——通过强大的情感纽带以"内在客体关系"结合在一起。[关于"内在客体"和"内在客体关系"概念的讨论，这些观点从弗洛伊德、亚伯拉罕、克莱因、费尔贝恩和温尼科特的著作中演化而来（Ogden，1983）。]

这篇文章有这么多的内容，我们很难知道从哪里开始讨论。在我看来，弗洛伊德对语言的运用为精神分析思想发展的这个关键时刻提供了一个入口。弗洛伊德使用的语言有一个重要的转变，用以传达他对忧郁症概念的一个重要方面的重新思考。"客体-丧失"（object-loss）"丧失的客体"（lost object）甚至"作为爱的客体的丧失"（lost as an object of love）这些词被"被放弃的客体"（abandoned object）和"被抛弃的客体"（forsaken object）代替，而弗洛伊德没有对此作出评述。忧郁者对客体的"放弃"（与哀伤者的客体丧失不同）包括一个矛盾的心理活动：对忧郁者而言，被抛弃的客体是以向其认同的形式被保存起来，"因此，（在向客体认同中）客体的这个阴影落在自我中……"（p249）。在忧郁症中，自我不是被客体的光芒改变，而是（更黑暗地）被"客体的阴影"改变。阴影的隐喻表明，忧郁者对被遗弃的客体的认同有一种薄的二维品质，而不是活泼、健壮的感情基调。丧失的痛苦经历被忧郁者对客体的认同打断，从而否定了客体的分离性；客体就是我，我就是客体。没有发生丧失，一个外部客体（被抛弃的客体）被一个内在客体（自我向客体的认同）全能性地替代。

因此，为了回应丧失的痛苦，自我被两次分裂，形成一种内在的客体关系，在这种关系中，自我分裂的一部分（批判机构）愤怒地（带着怒气地）转向自我分裂的另一部分（自我向客体的认同）。尽管弗洛伊德没有这样说，但可以说，内在客体关系是为了逃避丧失客体的痛苦感觉而创造的。这种逃避是通过一种潜意识的"与魔鬼交易"的方式实现的：为了逃避丧失客体的痛苦，忧郁者注定要体验到失去生命的感觉，这是由于将自己与大部分的外部现实分离而产生的结果。从这个意义上说，忧郁者处罚了自己生命的实质部分——生活在真实外在世界中的三维情感部分。以想象客体替代物的形式将客体俘获，即自我向客体认同的愿望，有力地塑造了忧郁者的内心世界。从某种意义上说，客体的内化使客体永远受制于忧郁者，同时也使忧郁者无休止地受制于它。

我脑海中浮现出一个患者的梦，它特别悲伤地表现了这位忧郁症患者的潜意识内在客体世界中被冻结的品质。

患者 K 先生在他的妻子去世一年后开始分析，他们结婚 22 年。K 先生在几年的分析中报告了这个梦：

他当时正在参加一个集会，会上有人向他致敬，但他不清楚此人的身份。就在会议开始时，一位听众站了起来，热情洋溢地赞扬了 K 先生的优秀品质和重要成就。当那个人结束发言时，患者站起来对他的高度赞扬表示感谢，但说这次会议的目的是向贵宾表示敬意，所以大家的注意力应该集中在贵宾身上。K 先生刚一坐下来，另一个人就站了起来，再次对他赞不绝口。K 先生再次站了起来，在简短地重复了对奉承的感谢之后，他又把大家的注意力转移到了这位尊贵的客人身上。这样的循环一遍又一遍地重复，直到患者惊恐地意识到它将永远持续下去。

K 先生从梦中醒来，他的心在惊恐中狂跳。

这个患者告诉我，在做这个梦之前的几次治疗中，他对能够爱上另一个女人和"重新开始生活"感到越来越绝望。他说，他从来没有停止过期待妻子每天晚上六点半下班回家。他补充说，在她死后，每一次家庭活动对他来说都不过是他失去妻子的情景再现。他为自己忧郁、自怜的语气道歉。

我告诉 K 先生，我认为这个梦抓住了他的一种感觉，他觉得自己被禁锢在无法真正对与人相处的新体验感兴趣的状态中，更不用说荣誉了。在梦里，他，以客人们对他无限敬意的形式，把他自己的兴趣交给了外在于他的人，外在于他与妻子内在冻结关系的人。我接着说，令人惊讶的是，梦中尊贵的客人没有名字，更不用说身份和人类品质，这些可能会引起好奇、困惑、愤怒、嫉妒、羡慕、同情、爱、钦佩或其他对另一个人的情感反应。我补充说，他在梦境结束时所感受到的恐惧，似乎反映了他觉察到自己生活在这种自我囚禁的静止状态中，而它可能是无止境的。（这种解释在很大程度上可以追溯到我和 K 先生关于他"被困"在一个已不复存在的世界中的状态的许多讨论。）K 先生回答说，在我说话的时候，他想起了梦的另一部分,那是他自己被沉重的锁链缠绕着的静止形象,甚至连身体的一块肌肉都动不了。他说,他对这幅画面展现出的极度被动的状态感到厌恶。

梦和随后的讨论代表了分析中的一个转折点。对于患者来说,在治疗间期、周末和假期时与我分开,已经变得不是那么可怕了。在这次治疗之后的一段时间里,K 先生发现,他有时连续数小时都不会经历自妻子死后一直伴随着他的那种沉重的身体感觉了。

弗洛伊德认为,忧郁症患者潜意识认同丧失/抛弃的客体是忧郁症"临床现象的关键"(p248),弗洛伊德相信忧郁症理论问题的关键是,必须圆满地解决一个重要矛盾:

> 一方面,一定存在对所爱客体的强烈固着(一种强烈而静止的情感纽带);另一方面,与此相矛盾的是,客体投注一定几乎没有阻抗的力量(例如,在面对客体实际或恐惧的死亡,或因失望而造成的客体丧失时,几乎没有力量可以用于维持与客体的联系)。(p249)

弗洛伊德认为,忧郁症精神分析理论的"关键"在于自恋的概念,它解决了同时存在的对客体强烈固着与客体关系缺乏韧性的矛盾:

> 这个矛盾似乎暗示着客体-选择是在一个自恋的基础上受到影响的,所以,当客体投注遇到阻碍时,就会退行到自恋中。(p249)

弗洛伊德的自恋理论,几个月前才在他的论文《论自恋:一篇导论》(*On Narcissism: An Introduction*)(Freud,1914c,p75)中提出,为弗洛伊德在《哀伤与忧郁》中提出的忧郁症的客体关系理论提供了重要的背景。在他的自恋论文中,弗洛伊德提出,正常的婴儿开始于一种"原始"或"原始自恋"的状态——在这种状态中,所有的情感能量都是自我-力比多（ego-libido），一种以自我为唯一客体的情感投资形式。婴儿走向外部世界的最初一步是以自恋身份认同的形式出现的。自恋身份认同是一种客体联结，将外部客体视为自身的延伸。

从自恋认同的心理立场来看，健康的婴儿，随着时间的推移，会发展出足够的心理稳定性，以参与一种自恋形式的客体联结，在这种形式中，与客体的联结主要是由从自我到客体的自我-力比多的置换组成（Freud，1914c）。换言之，一个自恋客体-联结（object-tie）是指一个客体被投注了最初指向自己的情感能量（在这个意义上，客体是自我的替身）。从自恋的认同到自恋客体联结的转变，是对客体他者性的认知程度和情感投资程度的转变。❶

健康的婴儿能够实现自我-力比多和客体-力比多的逐步分化和互补。在这个分化的过程中，他开始参与一种形式的客体之爱，而不仅仅是将对自己的爱置换于客体上。相反，一种更成熟形式的客体之爱在发展，在这个过程中，婴儿获得了与客体的关联，对那些关联的体验是外在于婴儿自身，是在婴儿的全能领域之外的。

在弗洛伊德看来，关于忧郁理论问题的关键——"矛盾"——在于：忧郁症是一种自恋性疾病。忧郁症的一个必要的"前提条件"（p249）是早期自恋发展的障碍。婴儿期和儿童期的忧郁症患者无法成功地从自恋的客体之爱走向成熟的客体之爱，而将他人体验为独立于自己的人。因此，面对客体的丧失或失望，忧郁者是无法哀伤的，也就是说，无法面对失去客体的现实的全部影响，且随着时间的推移，无法与另一个人进入成熟的客体之爱。忧郁者没有能力脱离失去的客体，而是通过从自恋客体联结退行到自恋性认同来逃避丧失的痛苦；"其结果是，尽管与所爱的人有冲突（失望导致愤怒），但是爱的关系不需要被放弃"（p249）。正如弗洛伊德在论文结尾处

---

❶ 与此同时，婴儿也在从自恋性认同转向自恋的客体-联结，他同时也在发展一种"类型……的客体选择（由客体力比多驱动），这种类型可被称为'依附型'或'依恋型'"（Freud，1914c，p87）。后一种形式的客体关联在婴儿"最初的依恋中……"有其"来源"（p87）"（依恋于）关切地喂养、照料和保护儿童的人……"（p87）。在健康方面，两种形式——自恋的和依恋型的——客体关联"肩并肩"地发展（p87）。在不理想的环境或生态条件下，婴儿可能会发展出精神病性，其特征是几乎完全依赖于自恋的客体关联（而不是依恋型的关联）。

的一段总结性陈述中所说,"所以,通过逃进自我中(通过一种强大的自恋性认同的方式),爱避免了灭绝"(p257)。

在我看来,对《哀伤与忧郁》的误读已经根深蒂固地扎根于人们普遍认为的弗洛伊德对忧郁症的看法(Gay,1988,p372-373)。我指的是一种误解,即根据弗洛伊德的观点,忧郁症涉及一种认同,这种认同的对象是被矛盾地爱着的丧失客体的令人憎恨的一面。这样的解读,尽管就其本身而言是正确的,却没有抓住弗洛伊德论点的中心。忧郁者和哀伤者的区别在于忧郁者一直以来只能参与自恋形式的客体联结。忧郁者人格的自恋本质使他无法与永远丧失客体的痛苦现实保持紧密联系,而这对哀伤是必需的。忧郁症包括准备好反射性地求助于退行到自恋的认同,以此来避免体验到关于他不可挽回地丧失了客体这一事实的清晰认知。客体关系理论是在弗洛伊德撰写这篇论文的过程中形成的,现在包含了一个早期的发展轴。弗洛伊德认为,潜意识的内在客体关系世界是应对心理痛苦的一种防御性退行,回到了非常早期的客体关系的形式,对忧郁者来说,痛苦是对丧失的痛苦。个体用一种与存在于时间之外的心理领域的内在客体的二维(像阴影一样)关系,取代了凡人的三维关系以及有时令人失望的外部客体(因此被遮蔽在死亡的现实之外)。在这样做的时候,忧郁者逃避了丧失的痛苦,延伸开来,也逃避了其他形式的心理痛苦,但这样做的代价是巨大的——他自己(情感)活力的大量丧失。

Ⅲ

弗洛伊德曾经假设忧郁症患者用潜意识的内在客体关系代替外部客体关系,并将其与自恋性认同的退行性防御概念结合起来,他转向了忧郁症的第三个明确特征,正如我们将要看到的,这为他的另一个潜意识内在客体关系的精神分析理论的重要特征提供了基础:

在忧郁中,导致产生这种疾病的情形,在极大程度上超出了由于死亡而产生的丧失的明确情形,还包括了所有被轻视、忽视或失望的情形,这些情况可能会将爱和恨的对立情感输入到关系中，或者强化已经存在的矛盾性……因此，忧郁症患者对于他的客体的情欲性投注（对客体的色情性情感投资），经历了一个双重的变迁；其中的一部分退行到（自恋性）认同，但是另一部分，在由矛盾性所产生的冲突的影响下，被带回到施虐的阶段。(p251-252)

施虐是一种客体联结的形式，其中憎恨（忧郁者对客体的愤怒）与情爱不可避免地交织在一起，在这种结合的状态下，会比单独的爱的联结产生更强大的约束力（以一种令人窒息的、屈服的、专制的方式）。忧郁症中的施虐狂（因爱的客体的丧失或对客体失望而产生）对主体和客体都造成了一种特殊形式的折磨——在折磨过程中产生爱与恨的特殊混合。从该意义上说，在对分裂的向客体认同的自我进行批判的机制的关系中，施虐的一方可能被认为是无情的，分裂自我的一部分疯狂折磨另一部分——这后来被费尔贝恩（Fairbairn，1944）视为力比多自我和令人兴奋的客体之间的爱/恨联结。

这种将爱与恨结合在一起的巨大约束力的概念，是精神分析学对病理性内在客体关系的惊人持久性的理解的一个组成部分。这种对坏的（憎恨的和令人憎恨的）内在客体的忠诚通常是患者人格组织病理性结构稳定性的来源，也是我们在分析工作中遇到的一些最棘手的移情-反移情僵局的根源。此外，爱与恨的结合也解释了一些病理性关系的形式，如受虐儿童和受虐配偶与施虐者之间的可怕联系（以及施虐者与受虐者之间的联系）。施虐者和受虐者都会潜意识地将虐待体验为爱着的恨和憎恨的爱——这两者都比没有客体关系要好得多（Fairbairn，1944）。

IV

弗洛伊德运用了他最喜欢的一种引申隐喻——以分析家为侦探——在他的作品中创造了一种投机、冒险甚至是悬疑的感觉，因为他呈现了"忧郁最明显的特征……它转变为躁狂的倾向——这是一种在症状方面与忧郁相反的状态"（p253）。弗洛伊德在讨论躁狂时对语言的运用——这与他所提出的观点是不可分割的——为读者创造了一种哀伤与忧郁、健康（内在和外在）客体关系与病理性关系之间的根本区别。

我不能保证这种（解释躁狂的）尝试将被证明是完全令人满意的。它几乎不可能使我们远远超出最初的方位。我们有两点可作为依据：第一点是精神分析性的印象，第二点我们可以将其称为一般经济学经验的问题。（精神分析的）印象是……两种障碍（躁狂和忧郁）都在与同样的（潜意识的）"情结"作斗争，但是在忧郁症中，自我可能已经屈服于这个情结（以一种被碾碎的痛苦感觉的形式），而在躁狂中，自我已经掌握了它（丧失的痛苦），或者把它推到了一边。（p253-254）

两个方面中的第二点"可作为依据"的是"一般经济学经验"。在试图解释躁狂时的兴奋和胜利的感觉时，弗洛伊德假设，躁狂的经济学——心理力量的数量分布和作用——可能与在躁狂时所看到的相似。

当一个贫穷的可怜人，通过赢得一大笔钱，突然从对日常生计的慢性担忧中解脱了出来，或当一个漫长而艰苦的斗争终于取得圆满成功，或当一个人发现自己能够一下子摆脱某种压迫性的冲动、某种他不得不长期保持的错误立场，等等。（p254）

这句话从描写一个赢得了一大笔钱的穷人的"经济状况"的双关开始，接着在一连串的画面中捕捉到一种狂热的感觉，这与文章中其他的画面都不一样。在我看来，这些戏剧性的角色暗示了弗洛伊德自己可以理解的、有魔力的愿望，希望通过自己"艰苦的斗争……终于取得圆满成功"，或者能够"一下子摆脱（自己的）……压迫性的冲动"，去创作大量的书和文章，努力让自己和精神分析学达到应有的地位。而且，就像不断膨胀的躁狂泡沫不可避免会破灭一样，一连串意象的驱动力似乎也会崩溃：

> 这个解释（将躁狂与其他突然解除痛苦的形式进行类比）当然听上去貌似合理，但是首先，它太不明确了，其次，它产生了更多的新问题和新疑问，超出了我们能够解答的范围。我们不会回避对这些问题和疑惑的讨论，即使我们无法期望能清晰地理解它。（p255）

不管弗洛伊德是否意识到这一点，他所做的不仅仅是提醒读者他不确定要如何理解躁狂症及其与忧郁症的关系：他以自己对语言的使用，思维和写作的结构，来向读者展示，面对自己希望证实，但尚有疑虑的问题，如何才能不以全能的、自欺欺人的方式来思考和写作，这听起来和感觉是什么样的；语言的使用是为了简单、准确、清楚地给想法和情景起一个恰当的名字。

比昂的工作提供了一个有用的背景，以更充分地理解弗洛伊德关于"他不会'逃避'（evade）他的假设引起的新问题和新疑惑"的评论的意义。比昂（Bion，1962a）用逃避（evasion）的概念来指代他所认为的精神病的标志：逃避痛苦，而不是试图用它来象征自己（例如，在梦境中），忍受痛苦，并随着时间的推移对此做真正的心理工作。后一种对痛苦的回应——带着它生活，用它来象征自己，对它做心理工作——是哀伤体验的核心。相比之下，躁狂患者"掌握了（丧失的痛苦）……或者把它推到了一边"（p254），将一种可能会变成可怕的失望、孤独和无力的愤怒的感觉转变成一种类似于"喜悦、狂喜或胜利"的状态。

我相信弗洛伊德在这里，在没有明确承认的情况下——也许是在没有意识到的情况下——开始界定躁狂和忧郁症的精神病性边缘。躁狂和忧郁症的精神病性方面都包括对悲伤的逃避以及对许多外部现实的逃避。这是通过自我的多重分裂和创造一种永恒的想象的内在客体关系来实现的，这种内在客体关系万能地替代了真实外部客体关系的丧失。更广泛地说，一种幻想的、潜意识的内在客体世界取代了实际的外部客体世界，全能取代了无助，不朽代替了时间流逝和死亡的无情现实，胜利取代了绝望，轻蔑代替了爱情。

因此，通过对躁狂症的讨论，弗洛伊德（部分是明确的，部分是含蓄的，可能还有部分是不自觉的）为他不断发展的客体关系理论增加了另一个重要的元素。在弗洛伊德使用的语言中（例如，在他的评论中，躁狂患者得意洋洋地推开丧失的痛苦，以及在想象中战胜客体丧失的狂喜），读者可以了解到，躁狂患者构造潜意识内在客体世界的目的是为了逃避，"逃"离（p257）丧失和死亡的外部现实。这种逃离外部现实的行为，其效果是把患者投入到一个无所不能的思维领域，这个领域与实际外部客体相关的生活隔绝了。外部客体关系的世界被耗尽，因为它与个体潜意识的内在客体世界断开了联系。患者对外部客体世界的体验与潜意识的内在客体世界的活跃之"火"（Loewald，1978，p189）是脱节的。相反，潜意识的内在客体世界，在与外部客体世界切断后，不能成长，不能"从经验中学习"（Bion，1962a），并不能进而（以不仅非常有限的方式）生成自己的潜意识和前意识之间"梦的前沿"的对话（Ogden，2001）。

V

弗洛伊德在论文的最后对哀伤和忧郁等一系列广泛的话题进行了思考。在这些观点中，弗洛伊德扩展了矛盾性的概念，我相信，这是对理解忧郁症和发展他的客体关系理论做出的最重要的贡献。从早在 1900 年开始，弗洛伊德曾讨论过许多次的观点是，矛盾性是一种潜意识的爱恨冲突，个体潜意识地爱着并恨着同一个人——例如，在健康的俄狄浦斯经验的痛苦矛盾中，或在强迫性神经症令人麻痹的痛苦矛盾中。在《哀伤与忧郁》一书中，弗洛伊德以一种截然不同的方式使用了"矛盾性"一词：他用它来指代希望与生者一起生活和希望与死者一起生活之间的斗争：

> 爱和恨（在忧郁症中）彼此对抗；其中一方试图将力比多从客体中分离出来（以允许主体活着而客体死去），另一方则维护着力比多的这个位置（它与客体不朽的内在复本结合在一起）。（p256）

因此，忧郁的人经历了一种冲突，一方面，希望在无法挽回的丧失的痛苦中活着，另一方面，希望在丧失的痛苦和对死亡的认识中死去。能够哀伤的个体成功地把自己从冻结了忧郁的生与死的斗争中解放出来："哀伤通过宣布客体死亡并提供给自我继续生活下去的动机来迫使自我放弃这个客体。"（p257）因此，哀伤者之所以能痛苦地接受客体死亡的现实，部分原因在于，哀伤者知道（潜意识地，有时是有意识地）他自己的生命，他"继续活下去"的能力，正处于危险之中。

这让我想起一位患者，她在丈夫去世近 20 年后开始来我这里做分析。G 女士告诉我，在她丈夫去世后不久，她曾独自在湖边度过一个周末，在丈夫去世前的 15 年里，她和丈夫每年都在那里租一间小屋。她告诉我，在他死后不久，她有一次去湖边旅行，独自坐着汽艇出发，朝着迷宫般的小岛和曲折的水路驶去，这条路线她和丈夫已经探索过很多次了。G 女士说，她有一个想法，并对此非常确定，她认为她的丈夫是在那条水道中，如果她要进入湖的一部分，她将永远不会出来，因为她并不能够将自己与其"撕裂"离开。她告诉我，为了不跟随丈夫而去，她曾不得不竭尽全力来进行斗争。

不跟随丈夫走向死亡的决定成为分析患者选择在一个充满痛苦和对丈夫鲜活记忆的世界里生活的一个重要标志。随着分析的进行，在湖上发生的同一件事变成了一种完全不同的象征：在她丈夫死后，她"撕"离他而去的行为是不完整的。在移情-反移情中，这一点变得越来越清楚，从某种重要的意义上来说，她自己的一部分已经随着她的丈夫死亡，也就是，她自己的一个部分已经死亡了，就是在分析的关键时刻之前，她一直觉得"还好"的那部分。

在接下来一年的分析过程中，G 女士经历了巨大的丧失感，不仅是因为失去了丈夫，还失去了自己的生命。她第一次面对痛苦和悲伤，因为她认识到自己几十年来一直在潜意识地限制自己发挥聪明才智和艺术才华，以及在日常生活中（包括在她的分析中）充分发挥活力的能力。（我不认为 G 女士是躁狂症患者，甚至严重依赖于躁狂的防御，但我相信她和躁狂症患者一样，都存在一种矛盾的张力，一方面，她希望与生者一起生活——不论是内在的还是外在的，另一方面，她希望与死者一起生活在一个永恒的、死气沉沉的内在客体世界。)

回到弗洛伊德关于躁狂的讨论，躁狂患者正在进行一场"矛盾的斗争（在绝望的潜意识努力中恢复生命）都通过贬低客体、诋毁客体，甚至好像要杀死客体，从而放松了 [loosen(ing)] 对这个（内在）客体的固着"（p257）。❶ 这句话是令人吃惊的：躁狂代表的不仅是患者通过贬低和诋毁客体努力逃避的痛苦悲伤，它也代表了患者（通常是失败地）试图通过从与丧失客体的潜意识内在关系的相互囚禁中解放自己来达到悲伤。为了哀悼客体的丧失，个体必须首先杀死它，也就是说，个体必须做一种心理工作，让这个客体在自己的心里和外在的世界里无可挽回地死去。

通过引入一种矛盾的概念，即希望活下去和希望自己失去生命来与死者在一起的斗争，弗洛伊德为其客体关系理论增加了一个关键维度：潜意识的内在客体关系可能具有活着的、有生命力的品质，或死亡的、麻木的品质（以及，通过扩展，每一种可能的两两组合）。这种设想内在客体世界的方法是由温尼科特（Winnicott，1971）和格林（Green，1983a）开创的精神分析理论的最近研究进展的核心。这些作者强调了分析师的重要性，以及患者对自己内在客体世界的活力和死亡感的体验的重要性。在我看来，移情-反移情的活跃性和死亡感，或许是在逐时基础上的分析过程状态的唯一最重要的衡量标准（Ogden，1995，1997）。如果我们知道如何倾听，那么现在许多分析思维的声音——我怀疑，还有尚未出现的精神分析思维的声音——都可以在弗洛伊德的《哀伤与忧郁》中听到。

弗洛伊德以一种真正谦逊的声音结束了论文，中止了他思考中的问题：

但再次在这里，最好是有一个叫停，并且推迟任何关于躁狂的进一步解

---

❶ 在弗洛伊德对躁狂症的评论中，读者可以听到梅兰妮·克莱因（Klein，1935-1940）的声音。克莱因（Klein，1935）著名的临床三元特征描述了躁狂和躁狂性防御特征的三个元素——控制、蔑视和胜利——在弗洛伊德的躁狂概念中都可以找到雏形。客体永远不会丧失或错过，因为在潜意识的幻想中，它处于一个人的全能的控制下，所以没有失去它的危险；即使这个客体丧失了，也没有关系，因为这个可鄙的客体是"没有价值的"（p257），没有它会更好；此外，没有客体就是一种"胜利"（p254），是一个"享受"（p257）从沉重的负担中解放出来的机会。

释……正如我们已经知道的，复杂的心灵问题的互相依存迫使我们在完成每一个询问前将其暂停——直到一些其他询问的结果可以有所帮助。（p259）

怎样才能更好地结束一篇关于面对现实的痛苦和逃避现实的后果的论文呢？对于一个没有牢固地扎根于与患者共同经历的现实的精神分析理论家来说，他的唯我论世界与自我囚禁的忧郁症患者非常相似，后者生存在一个永恒的、不死的（但却是死一般的、麻木的）内在客体世界中。

哀伤和精神发展

弗洛伦斯·吉尼亚尔❶（Florence Guignard）

在这一章中，我试图重新绘制一些基本的精神分析概念的轮廓，这些概念关于精神发展（mental development），而不仅仅是适应，特别是关于我们今天所谓的西方社会。从这个角度来看，与现代虚拟现实的非凡发展相比，客体及其在外在世界和/或内在（精神）世界中的丧失问题对我来说似乎是一个关键问题，就像象征化问题一样。因此，我将讨论潜伏期的消失——最近正在消失，但现在在西方社会广泛存在——以及这可能对压抑和神经官能症模型的影响，这个模型是人类大脑如何工作的原型。

哀伤：心灵的交集

哀伤位于几个领域的交叉点，这些领域本身连接着精神功能的不同组成部分。它是"关系中的关系"的结果，在早期的一篇论文中，我称之为"第三类概念"（Guignard，2001）：

▷ 快乐/不快乐原则和现实原则之间的关系（Freud，1911b）。

▷ 某些驱力之间的关系：

---

❶ 弗洛伦斯·吉尼亚尔出生于日内瓦；她在瑞士学会（Swiss Society）开始分析性训练，1970年搬到巴黎，1979年被选为巴黎学会（Paris Society）的正式会员，1982年成为培训分析师。作为国际精神分析协会成员，她创建了两个儿童精神分析协会，一个是法国的（APE，1983），一个是欧洲的（SEPEA，1993）。她是《国际心理分析年鉴》（l'Année Psychanalytique Internationale，IJP的法语出版物）编委会主任。她发表了许多论文，并出版了两本专著：《婴儿生活》（Au vif de l'infantile）和《墓志铭》（Épître à l'objet），都已被翻译成意大利语、西班牙语和葡萄牙语。

- 性冲动和自我保护，是弗洛伊德在他的地形学模型和本能第一理论（Freud，1915c）中使用的术语；
- 客体驱力和自我驱力引导弗洛伊德从他的地形论到他的精神结构模型和本能第二理论；
- 弗洛伊德的结构模型和本能第二理论（Freud，1923b）中的生、死驱力。

▷ 客体之间的关系丧失必须通过精神结构来处理：
- 外部客体和内在客体（Klein，1921）；
- 部分客体和整体客体（Klein，1921）。

▷ 关系：
- 事物-表象和词语-表象，它们是弗洛伊德提出的概念；
- 自我、客体和象征，它们是克莱因提出的术语（Klein，1930）；
- 比昂提出，通过 α 功能将 β 元素转化为 α 元素（Bion，1962b）。

▷ 认同——更具体地说，是对丧失客体的认同模式（Freud，1914；Klein，1955）。

快乐/不快乐原则和现实原则

在《哀伤与忧郁》中，弗洛伊德试图遵循他的地形学模型的经济学视角，强调外部客体服务于快乐/不快乐原则时的功能作用。然而，就其本身而言，快乐/不快乐原则与精神发展的整个概念矛盾。事实上，正是这种与快乐原则相联系的重复倾向，使得弗洛伊德在《超越快乐原则》（*Beyond the Pleasure Principle*）之外更进一步（Freud，1920g）。也就是说，死亡驱力的引入本身并没有解决是什么让哀伤过程"成功"的谜团——我们也没有表达出后者在精神发展中的作用。

如果我们遵循弗洛伊德在"关于精神功能的两个原则的表述"中的推理，"发展"一词只与"教育"有关，而与快乐自我不同的是，现实自我的目标与个人如何适应现实有关。弗洛伊德写道："我们精神结构的总体趋向，可以追溯到节约开支（能源）的经济原则，这似乎表现在我们对可支配的快乐来源的执着，以及我们放弃它们的困难。随着现实原则的引入，一种思维活动被分离出来；它不受现实检验的影响，只服从快乐原则。这种活动是幻想（phantasying），它开始于儿童的游戏，后来，以白日梦的形式持续下去，放弃对真实客体的依赖。"（Freud，1911b，p222）。

正如在《梦的解析》（Freud，1900a）中，内心的精神生活被认为是完全虚幻的，在快乐原则的专一庇护下运作，解决了"真实"客体和其潜意识功能之间的连续性问题。

弗洛伊德接着引用了一种因果关系的形式，这种因果关系更多地归因于现象学而非元心理学："这两个因素——自我性欲和潜伏期——的结果是，性本能在其心理发展（psychical development）过程中受到阻碍，并且在快乐原则的支配下保持了更长的时间，在许多人看来，它永远无法撤出。"（Freud，1911b，p222）这是一个重要的发展，因为它支撑了弗洛伊德关于神经症和延迟行为的整个概念："因此，神经症的心理倾向的一个重要部分，在于延迟教育性本能去重视现实，必然，这种情况发生在能使延迟成为可能的情境中。"（p223）

诚然，弗洛伊德思想的发展从他在 1911 年表达的这些观点出发，首先是《论自恋：一篇导论》（*On Narcissism*：*An Introduction*）（Freud，1914c）和他的元心理学论文（Freud，1917d［1915］），然后，他的思想在心智结构模型和第二驱力理论中发生了剧变。同样，我必须强调一个事实，即弗洛伊德在他的所有著作中都坚持这种观点，使这种延迟成为神经症组织的条件。

不得不说，鉴于现代社会强加给我们的变化，整个元心理学结构中包含的一些基本假设现在必须受到质疑。西方世界的价值体系发生了重大变化：精神发展远远落后于效率标准和对环境的调整，而环境在近年来发生了重大变化。现实原则在今天和弗洛伊德时代一样难以被接受，但取代它的不再是个体的幻想，即使这是通过艺术作品、文学作品、戏剧甚至电影来传达的。

对正在发生的事情的信息（和不实信息）的即时交换技术的超速发展，即使不是对整个世界，但肯定也是在很大程度上，意味着个体必须应对他们驱动经济的新要求，结果是，新形式的焦虑。技术和通信手段的进步（互联网就是一个显著的例子），使人们超越了地理距离的限制，更容易与日常生活环境之外的他人接触。然而，在人际关系领域，这一工具只是略微减少了，甚至以一种虚幻的方式减少了当今许多人所经历的孤立感，无论他们属于哪一代人。这种交流方式的扩展很少能带来真正的相遇。其主要原因在于其虚拟性。虚拟现实在科学技术方面取得了无与伦比的进步；对于人类来说，它当然可以激发想象力，但若要将一张照片、一部电影或文字，与两个人相遇的现实相对比，横亘两者之间的差距依然如此之大。虚拟接触的本质很少涉及一定深度的情感表达，因此也很少涉及思考。

虚拟现实与快乐/不快乐原则以及与现实原则的关系与幻想完全不同。混淆幻想和现实需要一种非常强烈的——而不是病理性的——投射组织，而虚拟现实提供了一种对真实事物的幻觉，从而避免了对在心理上处理基于内在精神世界和外部现实之间积极关系的联系和转换的需要。

因此，丧失的现实可以通过虚拟层面上的某种互动或其他方式来避免——特别是所谓的"互动"游戏，在这种游戏中，人类的生命，被简化为一种纯粹的虚拟性，为了赢得游戏而要被解决的障碍具有最深刻的意义。很明显，现实原则被这种方式摧毁了，而且虚拟现实对儿童的影响将是最猛烈的，因为他们的心理不成熟。

驱力之间的关系

驱力经济意味着性驱力和自我保护驱力之间的平衡，换言之，就是性驱力和自我驱力之间的平衡。这种平衡反过来又取决于生、死驱力之间的适当联系（Guignard，1997）。就他/她的驱力满意度而言，这两种平衡状态都取决于个体接受一定程度丧失的能力。正是由于这个原因，驱力与与哀伤过程相关的复杂问题有关。

我对这个问题的假设与斯特雷奇在其编辑的《本能及其变迁》（*Instincts and Their Vicissitudes*）（Strachey，1957b，p111-116）中的基本评论一致。

斯特雷奇指出，"本能"这个词很难在弗洛伊德的作品中找到，直到《三论》(Three Essays)(Freud,1905d)。他写道,本能的位置"在很大程度上被诸如'兴奋''情感观念''愿望冲动''内源性刺激'等东西占据"。重要的是要注意,在这里弗洛伊德对"刺激"(stimulus)和"本能"进行了区分,"刺激"是一种能产生单次影响的力量,而"本能"的影响始终存在,这种区分几乎等同于他20年前对"外源性刺激"和"内源性刺激"(Freud,1895b)所作的区分。在《项目》(the Project)(Freud,1950[1895])中,弗洛伊德补充道,这些内源性刺激"源于身体的细胞,并产生主要的需求:饥饿、呼吸和性欲",但是这里没有找到"本能"这个词。

斯特雷奇指出,在早期,精神神经症的潜在冲突被描述为"自我"和"性欲"之间的冲突。"力比多"一词被用作"躯体性紧张"的表现——一种"化学事件"。斯特雷奇写道:"只有在《三论》中,力比多被明确地确立为性本能的表达。至于"自我",斯特雷奇指出,在弗洛伊德的著作中,它很长一段时间都没有被定义,主要讨论的是它的功能,而不是它的结构或动力。"自我保护"本能只是间接地指那些力比多在其发展的早期阶段依附于自身的本能,而与自我在神经症性冲突中扮演的压抑代理的角色无关。

斯特雷奇写道:

随后,在一篇关于视觉心理障碍的短文(Freud,1910i)中,弗洛伊德突然引入了"自我本能"(ego-instincts)一词,并将其一方面与自我保护本能联系起来,另一方面与压抑本能联系起来。从那时起,冲突通常表现为两种本能——力比多和自我本能之间的冲突。

斯特雷奇注意到"自恋"概念的引入是如何让问题复杂化的:

在他关于这一理论的论文(Freud,1914c)中,弗洛伊德提出了"自我-力比多"(ego-libido)[或"自恋性力比多"(narcissistic libido)]的概念,这一概念聚焦于自我,而"客体-力比多"(object-libido)则聚焦于客体(p76)。那篇文章中的一段话(在上述引文中)以及当前文章中的一个评论

(p124)表明,他已经对本能的"二元论"分类是否适用感到不安。的确,在施雷伯(Schreber,1911c)的分析中,他坚持"自我投注"与"力比多"之间的区别,以及"源自情爱的兴趣"与"一般兴趣"之间的区别——这一区别在关于自恋的论文中再次出现(在对荣格的反驳中)(p80-81)。本文中再次使用"兴趣"一词(Freud,135);在导论(*Introductory Lectures*)(Freud,1916-1917)的第二十六讲中,"自我兴趣"或简单的"兴趣"经常与"力比多"进行对比。然而,这些非力比多本能的确切性质尚不清楚。

斯特雷奇接着说:

弗洛伊德对本能分类的转折点出现在《超越快乐原则》(*Beyond the Pleasure Principle*)(Freud,1920g)一书中。在这部作品的第六章,他坦率地承认了所达到的位置的困难,并明确地宣称"自恋的力比多当然是性本能力量的表现",并且"它必须与'自我保护的本能'相一致"。然而,他仍然认为除了力比多的本能之外,还有自我本能和客体本能;在这里,他仍然坚持二元论的观点,提出了他的死本能假说。

《超越快乐原则》第六章结尾处的长脚注描述了他对本能分类的观点发展,并根据他新近完成的精神结构图,进一步讨论了该主题,这占据了《自我与本我》(*The Ego and the Id*)(Freud,1923b)的第四章。在《文明及其不满》(*Civilization and its Discontents*)(Freud,1930a)的第六章中,他又详细地讨论了许多细节,在那里,他第一次特别考虑到攻击性和破坏性的本能。他早先很少注意这些,除非它们(如施虐狂和受虐狂)与力比多的元素融合在一起;但他现在只讨论它们的纯粹形式,并把它们解释为死本能的衍生物。关于这一主题,更晚的回顾将会在《新导论》(*New Introductory Lectures*)(Freud,1933a)第三十二讲的后半部分中展开,并在《精神分析大纲》(*Outline of Psycho—Analysis*)(Freud,1940a,1938)的第二章进行最后的总结。

梅兰妮·克莱因在"初级施虐狂"(primary sadism)(Klein,1927)中,拓

展了精神分析的思路，探讨了各种驱力混合在一起对正常精神发展的根本重要性。她描述了分析师必须具备耐心，以帮助儿童患者进步，超越几乎由口腔施虐和肛门施虐情境主导的游戏场景，从生命第一年开始，"连接俄狄浦斯倾向，因此针对俄狄浦斯情结发展周围的客体，例如父母"（Klein，1927）。她建议，要分析孩子的虐待性幻想，不要以任何方式进行评判；克莱因强调了这些幻想和孩子性行为之间关系的重要性。她认为"犯罪的主要因素不是超我的缺失，而是超我的另一种发展——很可能它在很早期就被固定下来了"（Klein，1927）。

现在不可避免的"虚拟现实"将对孩子们产生最残酷的影响。也许没有一个成年人的角色通过承担孩子潜意识的负罪感，来帮助孩子经历这些虐待性游戏的体验——但是我们不能指望小孩子自己来处理这些。考虑到他们在情感和智力上的不成熟，他们在建立象征能力方面就已经有困难了——这是发展的内在特征。正如我们所知，这种能力需要一种三方关系：自我、象征和被象征的客体（Klein，1930；Segal，1957）。

克莱因（Klein，1930）认为，

如果孩子太害怕自己的虐待狂特质，如果他以夸张和早熟的行为来为自己防御，婴儿的自我将无法发展出和谐幻想生活，也不能够建立一个适当的与现实的关系。这样的条件下，在幻想中他将无法拥有母亲的身体，而不受到母亲身体的威胁性变形的攻击，因为现在母亲的身体已经变得危险，这是由于他被自己施虐驱力控制的结果。因此，对外部世界的探索将被抑制，而这种探索通常是母亲身体的延伸。

克莱因接着说，

这种情况导致了与代表母亲身体部分的事物或客体的象征关系或多或少地暂停，因此，也导致了与主体环境和现实关系的暂停。这种撤退变成缺乏情感和焦虑的基础，这是早发性痴呆的症状之一。（Klein，1930，p39）

每个孩子都会受到前辈的影响，尤其是父母的影响。现在这一代的成年人，理论上应该负责照顾和教育下一代，但实际上他们却利用孩子来进行投射和满足自己的幼稚享乐主义。当今的成年人优先考虑的是立即满足他们自己幼稚的欲望——利用年轻一代去这样做——结果导致所有精神发展的一个基本特征上的严重失败：愿望形成和愿望满足之间的必要延迟。

哀伤过程中所涉及的客体之间的关系

在讨论哀伤过程所引发的问题时，弗洛伊德显然不能忽视客体，但他确实以某种模糊的方式对待它：它作为驱力的目标客体，一旦从外部世界消失，就很难在头脑中留下任何恒久不变的东西。自我与客体的辩证关系，意味着自我已经确立，因此丧失的客体不再在其建构中发挥任何作用；它还把被投注的客体视为是排他性外在的。

在弗洛伊德努力通过引用现实原则来支持他的实证主义世界观（*Weltanschauung*）时，他试图把哀伤的工作描述为一个接一个地把所有的投注从丧失的客体上移开，以便把它们置换到另一个客体上，以满足快乐原则。我们很容易认为，这个过程因此没有发展的力量，因为现实原则在这种情况下只会使自我认识到，它将不得不在一个新的现实中寻找一个新的满足客体。

然而，弗洛伊德在写《哀伤与忧郁》的前一年研究过自恋的概念，它由向丧失客体认同的成分造成了一种不稳定的平衡——这种平衡以当时科学理论的基本假设为标志。因此，弗洛伊德认为，这些成分应该被认为等同于一个主要的中介：理想的自我。这也意味着，自我和超我必须从认同的角度来被看待——弗洛伊德将在他的精神结构模型中继续发展这一过程。正如斯特雷奇在《哀伤与忧郁》的编者注中指出的那样，这篇论文和那篇关于自恋的论文以"批判的中介"的名义，描述了超我的概念是如何在弗洛伊德结构模型的基石——《自我和本我》（*The Ego and the Id*）（Freud，1923b）——中形成的。斯特雷奇继续指出，对弗洛伊德来说，"哀伤与忧郁"最重要的特征是他讨论了在忧郁中客体投注是如何被自恋性认同替代的。众所周知，弗洛伊德将他的注意力多次转移到认同的话题上,却没有设法构建一个统一的过程理论。

尽管文中对哀伤的病理学,我们称之为忧郁症,做了很好的描述,但弗洛伊德自己说,他对正常哀伤过程的理解,并不是特别满意。在关于哀伤中个体所感受到的强烈痛苦的讨论中,他写道:"当我们能够对痛苦的经济学特性进行描述时,我们可能会看到这一点的合理性。"(Freud,1917e,1915,p244)因此,弗洛伊德认为,丧失客体的生存只与病理——忧郁——和幻觉的形式有关,他把这种形式比作精神病。当然,他确实提到了梦中的幻觉,但即使是在梦里,他也将其等同于精神病性功能。在他对忧郁者的描述中,弗洛伊德说,这样的患者对自己的自我形象特别敏感:

> 当他加剧自我批评时,他将自己描述为小气的、自我中心的、不诚实的、缺乏独立性的,他唯一的目标就是藏起他自己本性中的弱点,就我们所知,他可能已经接近了解自己了;我们只是想知道,为什么一个人不得不先生病了,他才能接近这样的真相。(p246)

梅兰妮·克莱因研究了被投注的外部客体的内射,并探索了一旦它们变成内在客体,它们会在幻想中变成什么。很显然,这种内射与丧失客体和为之哀伤的想法紧密相连。在她讨论这些主题的两篇重要论文(Klein,1935,1940)中,克莱因引用了她在早期工作中发现的两个概念——部分客体(part-object)和整体客体(whole object),并添加了一个新的概念:抑郁位相(depressive position)。

在她1940年的论文中,克莱因引用了弗洛伊德在《哀伤与忧郁》中提出的一些基本观点。

> 我们……发现,在哀伤的时候,具体地执行现实检验的要求,是需要时间的,而且当这一工作完成的时候,自我会成功地将其力比多从这个失去的客体身上释放出来。(p252)

弗洛伊德继续说：

在每一份回忆和期待中，力比多与客体捆绑在一起，现在这些回忆和期待都被调出来并被高度地投注，与此相关的力比多分离就完成了。通过这种妥协，现实的指令被逐个地执行，为什么这个妥协如此地极度痛苦，从经济学的角度来解释是完全不容易的。值得注意的是，这种痛苦的不愉快感被我们视作理所当然。（p245）

他接着说：

……我们甚至都不知道哀伤是通过什么经济手段来完成它的任务的。然而，也许有一个猜测可以在这里帮到我们。每一个单个的记忆和期望情境，证明了力比多对失去的客体的依恋，它们都遭遇到这个现实裁定：即这个客体再也不存在了；而自我所面对的问题似乎就是是否要遭受同样的命运，它被源于要生存下去的自恋性满足的总和说服，去切断与这个已经被废除的客体的依恋。我们可以大概推测，这个切断的工作是如此的缓慢与渐进，以至于到这个工作被完成的时候，它所必需的能量消耗也已经消散了。（p255）

克莱因写道：

在我看来，正常哀伤中的现实检验和早期思维过程之间存在着密切的联系。我的观点是，孩子所经历的精神状态堪比成年人的哀伤，或者更确切地说，在以后的生活中，每当体验到悲伤时，这种早期的哀伤就会复活。在我看来，孩子克服哀伤状态最重要的方法是现实检验；然而，正如弗洛伊德所强调的，这个过程是哀伤工作的一部分。（Klein, 1940, p344）

从上面的引语中可以清楚地看出，克莱因立即将这个问题替换了出来，从一个作为客体被投注的人的躯体死亡，转移到主体不再拥有客体的某种品质的心理死亡。

她描述了外部和内在客体之间的持续互动，她说：

> 通过内化，人、事物、情境和发生的事情——整个正在建立起来的内心世界——变得无法被孩子们准确地观察和判断，并且无法通过与有形的、可触摸的客体世界相关的感知手段来验证，这一事实对内在世界的幻想本质有着重要影响。（Klein，1940，p346）

克莱因强调了一个足够有爱和安全的环境的重要性，这样的环境使婴儿能够调整他或她（自我和客体）的分裂性以适应于现实，她描述了两种防御模式，旨在克服在抑郁位相下经历的痛苦：躁狂防御和强迫防御。

▷ 强迫防御——包括强迫去重复——旨在孤立和否认婴儿的无助感和客体的丧失，他们通过全能感来做到这一点。

▷ 躁狂防御的目标是对自我和客体的躁狂性的——因此是虚幻的——修复。

克莱因指出，"抑郁和躁狂位相之间的波动是正常发展的重要组成部分"（Klein，1940，p349），同时吸引我们注意到该事实，如果他们太强大，躁狂防御将阻碍内在世界的修复以及个体的创造性——然而，成功的哀伤过程往往导致创造性和升华的活动（绘画、写作等）。她接着说："然而，全能与最初与之相关联的虐待冲动在潜意识中是如此紧密地联系在一起，以至于孩子们一次又一次地感觉到自己试图修复的努力没有成功，或者不会成功。"（Klein，1940，p350）

象征、认同和虚拟现实

在构建他的"思维理论"时，比昂（Bion，1962b）以《科学心理学项目》（*A Project for a Scientific Psychology*）（Freud，1950［1895］）《心理

功能的两个原则的公式》(*Formulations on the Two Principles of Mental Functioning*)(Freud，1911b)以及梅兰妮·克莱因(Klein，1930)和汉娜·西格尔(Segal，1957)在象征形成领域的发展为基础。在他的模型中，比昂解构了象征性思维，以揭示其感官元素 β 元素，并通过克莱因在1946年发现的投射性认同的正常版本来检验它们向思维成分 α 元素的转化；这就是比昂所称的 α 功能，其原型是母亲的遐想能力。对于比昂来说，婴儿最早的客体关系具有俄狄浦斯结构，就像我们在成人的心理功能中发现的那样。

关于哀伤的问题，比昂将所有涉及心理功能的参数集合在一起，形成一个动态的和隐喻的基本实体，母亲和婴儿：快乐/不快乐原则（婴儿）和现实原则（母亲）；真实客体投注（母亲和婴儿）及其丧失（婴儿）；丧失客体的内射（婴儿）；对他人内在世界的投射性认同（母亲与婴儿）。

如果我们要检验虚拟现实对我们自己，对我们的同时代人，尤其是对当今儿童和青少年的影响，我们所拥有的最有效的精神分析工具可能就是比昂的思维理论。虚拟现实不能用弗洛伊德将事物表象转化为文字表象的观点来解释；克莱因所发展的象征形成也不是一种合适的工具，因为它需要一种三角关系：自我、象征和被象征的事物。如果我们把虚拟现实看作一个象征性的等式（Segal，1957）——我们所拥有的最恰当的描述——我们不得不说，对于那些使用它的人来说，虚拟现实根本就不是虚拟的：它只是真实世界的一个替代品。那将意味着进入一个完全精神分裂和妄想的宇宙……

尽管虚拟现实存在着危险的过度，但把它看作事物呈现的一种新的变形会更明智，不同于词语呈现[见弗洛伊德在《论潜意识》附录 C 中提出的观点（Freud，1915e）]。

哀伤与认同：西方社会的未来

虚拟现实的膨胀会对西方社会的精神经济、驱力经济、客体关系和象征的未来产生什么影响？

弗洛伊德关于社会问题的论文（Freud，1912-1913，1915b，1921c，1927c，1930a），像比昂（Bion，1961）一样，让我们注意到这样一个事实，即在反思这个广泛的问题时，我们必须牢记存在于我们每个人身上的群体方面的特点。从群体性到参与工作小组的能力，它们包括诸如救世主倾向、种族主义和对创造力的攻击等现象，可能相当于对人类驱力的一种真正的简化（Bion），这些驱力彼此脱节，以最不人道和最反常的方式表达。虚拟交流的全球化不可能在不增加基本假设的情况下发生，这个假设就是，群体心理优先于独立思考。

现在西方世界的孩子在很小的时候就开始了社会生活：三个月大的时候进托儿所，三岁甚至两岁的时候就进幼儿园。沉浸在家庭生活结构中的时间被尽可能地压缩，主要有两个原因：第一，孩子待在家里的时间很少，第二，家庭结构本身正在发生变化。此外，由于家庭生活的演变，孩子们不得不在很小的时候就与父母的投注分离。现在，孩子的亲生父母通常只在一起住很短的一段时间；他们分开了，每个人都在被称为"重组"的家庭中重建自己的爱情生活，不管是同性恋还是异性恋，或者，母亲可能会像现在越来越多的情况那样，独自抚养孩子。父亲的第三方角色，对于婴儿摆脱共生关系（Bleger，1990）并建立一个适当的俄狄浦斯结构至关重要，当今社会采取了一些非常模糊和多变的形式，用社会群体及其基本的心理假设代替了本应由原来作为父母的夫妇做出的贡献。

当父母让他们的孩子在生活中经历这种反复无常的变化时，他们无法避免强烈的内疚感，尽管这些感觉或多或少是有意识的。他们常常试图通过给孩子提供大量的物质享受来抵消这种感觉，希望减轻他们对孩子造成的情感剥夺。孩子们比以往任何时候都更能从物质的角度得到他们想要的任何东西的立即满足，而且他们很快学会表达那种愿望，而不是需要被倾听和包容。他们很快就学会了利用这种被强加在他们身上的分裂，并无耻地把他们分裂的原生家庭中的一方与另一方对立起来。

在这一点上，我想说的是在过去的二十多年里，通信技术的快速发展给儿童的心理功能模式带来了巨大的变化。这是一个第二代现象，并且开始产生长期的影响：被要求治疗儿童的心理分析学家越来越意识到这个问题。

弗洛伊德的模型——俄狄浦斯情结、阉割情结、婴儿神经症作为移情神经症的原型——是基于他的发现，即婴儿性行为的发展分为两个阶段，他称之为潜伏期。在此期间，孩子与驱力相关的兴趣从寻求直接的满足转向学习的世界。承认性别和代际差异是儿童精神发展的一个里程碑，也是通过认同父母和前几代人的代表者而构建理想超我的结果。承认这些差异也意味着这种对父母的认同保证了现实原则在未来凌驾于快乐/不快乐原则之上。从这个角度看，青春期发生在一个已经被"培养"（cultivated）——包括这个词的各种含义——的领域，从而限制了青少年认同危机的延迟效应。

然而，当代西方社会让这种描述几乎过时。在日常工作中我不仅处理儿童和青少年，也对他们的照料者进行工作——成年患者、父母、儿童心理治疗师，我会毫不犹豫地说，在过去的十年里，我们社会中儿童的心理发展发生了比之前三十年"繁荣"时期更大的变化。在过去两年里我询问了在几个欧洲城市对儿童和青少年做精神分析的从业者，我发现，他们都有一个出乎意料的共识：弗洛伊德在1905年定义的潜伏期（Freud，1905d）正在当代社会迅速消失。在6至12岁的儿童中，与驱力相关的表现不再有任何"降温"现象；相反，他们的性冲动不再倾向于升华的活动，他们就像处于"俄狄浦斯"阶段的3到5岁的孩子一样容易兴奋，同时他们会尽可能地模仿青春期少年、青少年和年轻成年人的态度和性行为。

认知驱力不再主要围绕着原始场景的幻想来构建，它将孩子的好奇心和愿望转向知识的方向，即在幻想或现实中，父母双方被视为拥有的知识，作为人类思想史的终极载体。虚拟现实作为艺术智能的一个分支得到了飞速发展，这些驱力主要被二进制系统吸引，而不是朝着象征形成能力的方向发展。

然而，二进制逻辑直接导致了所采用的各种解决方案的活现。因此，个体被拉回到快乐/不快乐原则的初级层次，正如弗洛伊德所描述的："'我想要吃这个'或'我想要吐出来'。"（Freud，1925h，p237）

这种分裂，绕过了对陌生事物的焦虑和对死亡的焦虑，可能会产生几个后果，其中包括：

▷ 对斯芬克斯线性时间（Sphinx-linear time）谜团和人类生命的有限性去-投注，代之以无时间体验的即时行动的过度投注。

▷ 越来越多地否认现实原则，极端形式是，否认自己死亡的现实。

▷ 关于转变和重生的神话往往更重视变革的技术方面，而不利于心智能力的发展。

这种结合虚拟维度的新的防御平衡当然不是特别有效。那些逃离现实、在"游戏男孩"冒险或战斗中寻求庇护的孩子们，一旦听到"游戏结束"的消息，就会很快重新陷入焦虑之中。

内在精神生活的去-投注与压抑的病态相伴而生，因此，与弗洛伊德在他的婴儿神经症模型中描述的两阶段发展的紊乱相伴而生。他所说的延迟反应并不是以同样的方式建立起来的，因为婴儿的性模式从正常的俄狄浦斯期一直活跃到青春期。特别是，以模仿成人性行为为特征的对婴儿性器官的无限制唤起：这是否认代际差异的直接表现。从某种意义上说，孩子们不再有任何童年；看起来超级成熟的东西实际上只是伪成熟。

这些俄狄浦斯元素本身并不构成俄狄浦斯情结，就像那些与阉割有关的方面没有被组织成相应的阉割情结一样。结果，亲密的关系——真正可以被称为生殖性的心理组织的基石——无法在青春期后期或成年性生活的初期被建立起来。它被男性生殖器和群体价值观的延续取代——总是以一种窥阴癖/暴露癖的心态追求某种成就或其他东西。

结论

在儿童和青少年生活的今天，虚拟现实比真实幻想更容易被表达；二元意义系统取代了三分符号构成。虚拟现实的二元逻辑世界对我们的年轻患者来说具有如此强大的吸引力，以至于他们不再需要完成与客体内化相联系的象征形成的心理工作，并最终处理对该客体的哀伤工作。

这取决于当代精神分析学家和那些跟随我们的人，能否学会如何长时间地倾听患者交流的在虚拟现实场景中正在发生的事情，以便让构成该场景的

"无生命客体"获得一个"灵魂"〔在拉马丁(Lamartine)1826年的诗中,米莉:无生命的客体,你是否有灵魂/依附在我们的灵魂上,迫使它去爱?〕。只有在这样的条件下,"谈话疗法"中的语言才能重新获得它们作为情感代表的地位,而不是只剩下诉诸活现的宣泄。

《哀伤与忧郁》:弗洛伊德的元心理学更新

卡洛斯·马里奥·阿斯兰❶ (Carlos Mario Aslan)

我希望你能很快从我的死亡中得到安慰,希望你能允许我继续活在你友善的思维中——这是我唯一承认的有限的永生。

弗洛伊德于1937年写给玛丽·波拿巴(Marie Bonaparte)的信(Jones,1957,p465)

《哀伤与忧郁》是任何关于抑郁的精神分析思考的背景和起源,是一篇相对简短但非常重要的论文,被许多作者认为是第一种"心理地形学"理论和第二种"心理结构学"理论之间的铰链和衔接。

除了为正常和病理性哀伤——忧郁的精神分析和元心理学概念开辟道路之外,本文还介绍了"批判实例"(critical instance)(未来的超我)概念以及结构性内化(structuring internalizations)形式(如客体的内射和二次认同)的研究进展。

哀伤是日常生活中的一种现象。我们都经历过,无论是我们自己的还是

---

❶ 卡洛斯·马里奥·阿斯兰是阿根廷精神分析协会(Argentine Psychoanalytic Association,APA)的成员和培训分析师,《精神分析期刊》(Revista de Psicoanálisis,APA)前任编辑。他曾在1979~1981年期间任阿根廷精神分析协会主席,在1983~1985年及1985~1987年期间任国际精神分析协会副主席,1983年任国际政治行动委员会(IPAC)马德里拉丁美洲方案委员会(Latin-American Program Committee)主席,1993年任阿姆斯特丹方案委员会主席。他发表的论文和一些书籍中的部分章节——大多是西班牙文,也有英文、法文和意大利文——主要是关于哀伤过程、多元化、精神结构、心身医学等。

别人的丧失，以及随之而来的哀伤过程。

客体丧失和哀伤是正常生活中痛苦和不愉快的方面，也许正因为如此，与其他心理过程相比，它的研究和思考在某种程度上被忽视了。正是弗洛伊德在他的论文《哀伤与忧郁》（Freud，1917e［1915］）中，以他一贯的勇气为理解和描述其心理动力学开辟了道路。但我必须注意到，尽管这篇论文很重要，甚至是最基本的，但它并没有像弗洛伊德在其他作品中所做的那样——比如《梦的解析》（Freud，1900a）或《三论》（Freud，1905d），对他后来相关的元心理学概念（例如毁灭性的或死亡的驱力、结构理论、信号焦虑等）进行修改或更新。

一些后弗洛伊德的澄清和补充也必须包括在内，以便对元心理学概念有一个更清晰和更完整的图景，这些概念构成了不同的可观察的临床图像的基础，这些图像包括正常的和病理的哀伤呈现给我们的临床观察。

对《哀伤与忧郁》的一些观察

A. 重要的是要清楚地区分外部客体和它们的精神表征，或者，我更喜欢的说法是，它们相应的内在客体。

我同意斯特雷奇（Strachey，1957c，p240）的观点，《哀伤与忧郁》可能"被认为是弗洛伊德一年前写的自恋论文的延伸"。我将补充一个假设，即弗洛伊德关于忧郁症中（外在）客体的内射机制的想法是基于"自恋性变形虫"（Freud，1940a［1938］，p150-151）对外部异物的行为——伸展伪足、吞没异物和撤回包含异物的伪足，将其包含在变形虫体内，以此解释忧郁症的机制，即丧失客体（外在）内化为自我，同时对其的力比多也被撤回。

弗洛伊德令人印象深刻的表述是："客体的影子落在自我身上。"

另一方面，在正常的哀伤中，客体（外在）的丧失只会导致力比多投注缓慢而痛苦地撤回自我。在附录C《抑制、症状和焦虑》（*Inhibitions, Symptoms and Anxiety*）（Freud，1926d［1925］）中，弗洛伊德提出了这样一个观点：这些力比多的投注——"渴望的投注"——积聚在自我中，是哀伤中精神痛苦的原因。

很明显，在这些表述中存在着不清楚的概念、某种混乱，或者至少是外部客体和外部客体的心理（内在）表征的概念之间明显的模糊。哪一方接受了力比多投注？在哀伤和忧郁的过程中，力比多从哪一方撤退？斯特雷奇（Strachey，1953，p217）在弗洛伊德的另一篇论文（Freud，1905d）的注释中清楚地表达了他自己的观点：

……在这里几乎没有必要，在这里，就像在其他任何部分一样，当谈到力比多集中在客体上、从客体中撤退等时，弗洛伊德想到的是客体的心理表征，当然不是外部世界的客体。

斯特雷奇说，几乎没有必要，但他仍然认为有必要的是，当他解释自己对弗洛伊德思想的解读时，同时指出弗洛伊德的模棱两可。我要补充的是，斯特雷奇当然读过弗洛伊德后来的著作。例如，在《精神分析大纲》（*Outline of Psychoanalysis*）（Freud，1940a [1938]）中，弗洛伊德写道：

……我们称这种状态为绝对的、原始的自恋。它一直持续到自我开始用力比多来投注客体的观念，把自恋的力比多转化为客体的力比多。

B. 内射和认同的区别。

1909年，费伦茨将"内射"作为外部世界的各个方面被"带入"心灵的过程。弗洛伊德经常使用这个词，并使用它作为认同的同义词。我认为区分这两个概念是有用的。我将内射定义为一种精神过程，通过该过程，一个外部客体及其与自我（自体）的所有关系被内化到心灵中，保持它们作为客体的身份和特征，被主观地感知。需要强调的是，这是一个相当复杂和活跃的心理结构，许多分析师更喜欢将其称为"内在客体"（有些人也称其为

"内射"），而不是更经典的"客体表征"。

我知道这些术语源于不同的参照系：客体表征源于弗洛伊德（事物表征加上词语表征构成客体表征），内在客体源于各种客体关系理论。我认为这两个词所指的是同一种心理结构，但"内在客体"更准确地反映了其"生动""活跃"的特征。然而，在本文中，我将不区分它们。

在认同中，自我（自体）作为它的一个组成部分，获得外部客体的部分或全部特征（和在初级认同中一样），或获得内在客体的部分或全部特征（和在次级认同中一样）。

我们，从我们自己，从我们作为主体，联系到我们的内在客体，我们与它们"交谈"（Sandler，1991），我们收到"它们"的评论、批评还是赞扬，取决于它们是作为自我、超我还是理想自我来发挥作用。

总而言之，按照逻辑和时间顺序，正如结构性内化一样，我们会有：初级认同、创建客体表征/内在客体的内射，和次级认同。这些心理结构是依据它们的功能和运作方式来被识别的（感知刺激和信息、处理它们、对其回应），且它们有一定程度的永久性，而飞逝或暂时的内化［模仿、青少年向虚构的英雄认同、部分认同于分析师与患者的相处态度（如同情心等）］是没有的。

因为它们是功能性的结构，正如我所说，一个给定的身份或内在客体可以作为自我、超我或理想，并通过它们发挥功能的方式被识别。

C. 弗洛伊德描述了在忧郁症中，客体是如何被"引入"（introduced）自我的，而自我的一个分离或分化的部分是如何批判客体，或是如何批判包含它的自我的一部分的（这是弗洛伊德在假定的内化客体和对它的认同之间缺乏区分的一个例子）。先前与客体的关系越矛盾，批判就越严厉，这种批判以自我责备的形式出现（责备就是指责）。但在1924年，即《自我与本我》（Freud，1923b）出版之后一年，亚伯拉罕（Abraham，1924b）清楚地证明了客体的内化也发生在超我中，其逻辑后果是内化的客体批判了自我的其余部分。当代精神分析的动力性精神结构的概念提供了一个不那么烦琐的表述，即一个内在客体或认同可以作为自我或超我发挥作用。

* * *

这些澄清可以作为本文主要论题之一的序言：正常哀伤与忧郁症的区别并不在于忧郁症中丧失客体的假定内射，而这在正常哀伤中不会发生。在这两种情况下，客体已经作为客体表征（或内在客体）存在于心灵中。因此，弗洛伊德令人印象深刻的一句话，"客体的影子落在自我身上"，现在应该被理解为反映了在客体丧失的过程中，客体表征（内在客体）经历了一个过程，在这个过程中，它的部分或全部变成了一种认同，内在客体（完全或部分地）丧失了自我中的客体的角色特征，并作为自我（或超我）的一部分发挥作用。这个过程被称为次级认同。它继发于初级认同，也继发于先前的客体关系。

哀伤：定义和特征

对一个特定的人来说，哀伤是精神事件的总和，是失去一个重要且有意义的"客体"所产生的过程。

▷ 在这个语境中，"客体"指的是一个人或一个理想，是具体的或抽象的东西，是象征的或内在的价值，是有意义和相关的东西。由于可能丧失的客体的列表是无限的，我们通常用一个心爱之人的意外死亡作为一个"首要"的例子。从这个模型可以推断出哀伤的各种形态和种类。

▷ 关于丧失，我所指的是它的精神现实，这可能与真实的、象征的或幻想的丧失有关。

▷ 哀伤过程需要一定的时间跨度，不能被缩短。然而，由于各种各样的原因，它可能被延长，也可能被中断。在不同作者的作品以及文化背景中，哀伤的时间在很短的范围内波动：弗洛伊德认为是一到两年［在"鼠人"的案例中（Freud，1909d）］，恩格尔（Engel，1962）认为是六到十八个月；约瑟夫·卡拉（Josef Karo，1557）认为是"十二个月零一天"。

▷ 哀伤的过程不是自愿的：它是一个自动的过程，就像弗洛伊德认为的许多精神过程一样：

> 这可能是因为，通过形成症状来处理冲突毕竟是一个自动的过程，不能证明它足以满足生活的需要，而且主体已经放弃了使用他最好的和最高的权力。如果有选择的话，最好是与命运进行光荣的斗争。(Freud, 1917e [1915])

▷ 在我看来，这意味着许多表达，如"客体被内化以使他活着"，都是事后的意义归因，继发于事实的发生。

哀伤如病

随着哀伤过程的发展，哀伤过程中的主体呈现出短暂的症状，这些症状可能与不同的临床图像相符或相似。弗洛伊德说："……的确，如果他的行为（哀伤的主体）在我们看来不是病态的，那是因为我们可以很好地解释它。"

在他的论文《悲伤是一种疾病吗？》(*Is Grief a Disease?*) 中，恩格尔 (Engel, 1961) 认为，有一个已知的病因，一个"正常"的演进，痛苦的精神症状，有时有器质性成分，困难地发挥功能——数日、数周，或数月——一个相对显著的时间演进，可能患并发症，最后，一个或多或少被完成的"治疗"或"愈合"。

哀伤感

这种潜意识的哀伤感并不是唯一的。从不同的精神分析作者的推断和我们自己的观察，我们可以在每个哀伤过程中区分两种主要的感觉，它们不是相互排斥的，但比例不同。

A. 哀伤是与爱的客体的分离，不能再与之进行爱的互动。弗洛伊德正是沿着这条线发展出"哀伤与忧郁"。波洛克也从这个意义上考虑这个问题。也许这是一种比较成熟的感觉,更接近现实的原则,它是造成悲痛、渴望、忧伤的原因。

B. 哀伤是一个摆脱被害的、反享乐的、反情欲的精神结构的过程。例如,拉加什(Lagache,1956)认为,"哀伤工作的意义……是对不允许生存的道德权威的破坏"(我的翻译)。恩格尔(Engel,1962)指出:"在(哀伤过程)的整个阶段,哀伤者强加给自己禁止快乐和享受的禁令。"也就是说,两位当代的分析师,一位来自法国学派,另一位来自美国学派,都认同这种哀伤的意义。

弗洛伊德已经预料到这种感觉,虽然不是在《哀伤与忧郁》,而是在《图腾和禁忌》(*Totem and Taboo*)中。在"死者的禁忌"一节中,他写道:

这个理论建立在一个非常特别的假设之上,乍一看似乎难以置信,即一个深爱的亲人在他死的那一刻变成了一个恶魔,而幸存者除了对恶魔的敌意之外什么都不能指望,他们必须尽一切可能保护自己。然而,几乎所有的权威都认为这些观点属于原始民族。(Freud,1912-1913,p58)

他补充道:

……鲁道夫·克莱恩保罗(Rudolph Kleinpaul,1898)利用文明种族中对灵魂的古老信仰的残余来揭示生者和死者之间的关系。他也得出了最后的结论,死者对谋杀充满了欲望,试图把生者拖进他们的领地,等等。(Kleinpaul,1898,p58-59)

"哀伤"这个词在西班牙语中被翻译成 *duelo*,它源于拉丁语,在拉丁语中它有两个词源:*dolus*(痛苦)和 *duellum*[决斗,两个人之间的战斗

(*due*：两个；*llum*：战争)]。

可以看出,拉丁词源反映了这两种意思。

在每一次哀伤中都可以找到意义上的两种不同的含义;然而,第二种含义最具有迫害性,很少被考虑到与哀伤有关。但是,临床和生活经验表明,在证据的力量下,后者占据普遍优势。

本文的主要目的之一是提出并证实这一观点的元心理解释。

总结

1. 哀伤和忧郁的精神动力学的区别,不可能像弗洛伊德所认为的那样,在忧郁症中,丧失的外部客体被内射,而在正常的哀伤中并非如此。一个外部客体要想在一个人的灵魂中有精神生命,外部客体必须具有一个内在客体形式的精神表征。客体的这种心理存在,是它有可能在外部世界中被标记为丧失的前提条件。

2. 哀伤和忧郁的区别存在于其他地方,存在于干预因素之间的差异,存在于主要心理结构的早期特征,存在于自恋的客体选择,存在于先前对丧失客体的矛盾程度上,存在于丧失发生的个人和文化环境中等。所以,

---

……认识到忧郁的工作机制和哀伤的工作机制之间有本质的类似并不困难。(Freud,1917e [1915],p257)

---

3. 哀伤过程有两个主要目的,修通爱的客体的丧失,以及摆脱一个内在的、迫害性的、自我毁灭性的客体,这个客体反对快乐和生命。

我的补充是:

4. 任何哀伤过程在其进展的任何特定时刻被打断,都是一种病理性的哀伤,是抑郁障碍的原因。

5. 并非所有病理性的哀伤都是由进展的中断引起的。

6. 并不是所有的抑郁症-忧郁症都是由病理性哀伤引起的。

7. 这些断言必须用元心理学的术语来证实。

丧失前的心理场景

> "整个世界都是一个舞台,
>
> 所有的男人和女人都只是演员。"
>
> 莎士比亚(Shakespeare),《如你所愿》(*As You Like It*),第二场,第七幕,II. p139-140

我将从弗洛伊德的结构理论和一些后弗洛伊德的概念中引用这个心理阶段或场景:它应该被理解为心理结构,一个功能结构,也就是一组功能和功能模型,指向一个或几个共同的目标,变化程度比其他心理过程低得多。

因此,自我、超我、本我,不是位置、拓扑(topoi),而是精神结构,正如前面的定义。这意味着不同类型的内化不是针对自我、超我或理想,而是作为自我、超我或理想发挥作用。

在丧失之前的这个阶段,我们发现了伟大的结构:自我、本我、超我和理想,它们内壳和内部结构的关系和冲突,以及它们的内在客体(内在客体关系)。所有这些具有生命和破坏性的驱力的投注,总是带有某种程度定量和定性的混合(在弗洛伊德的德语原著中是 *Mischung*)。

从这个内在的世界,与自己和外部世界相互作用,很早就萌生了自我的概念和自我感觉。众所周知,弗洛伊德总是只使用一个德语单词 *Ich*(英语中的"I",但通常翻译为拉丁语"ego")来对其在不同语境下进行命名,如功能自我、认同自我、结构自我、自体[*Selbst*(self)],更主观的自我]等。

在这个心理阶段,一个重要的外部客体突然而意外地丧失,作为典型的例子,这将启动哀伤过程——"情节"。

故事情节：哀伤的过程

这出戏剧开始于否认，否认（Verleugnung）事实：不！这是不可能的！我简直不敢相信！等等。这个阶段可以持续相当长的一段时间，包括接受事实的短暂时期和否认事实的强烈时期；这些时期同时存在，而且经常迅速交替。最终，现实原则占上风，个体接受了丧失。

现实检验表明被爱的客体再也不存在了，它继续要求所有的力比多应当从对那个客体的依恋中撤离出来。这一要求激发了可以理解的反对——这是一个普遍观察的问题，即人们永远不会心甘情愿地放弃一个力比多的位置，实际上，甚至在一个替代品已经向他们招手时……通常情况下，尊重现实会占上风。然而，它的命令不会立即被执行……与此同时，这个丧失的客体的存在性在精神层面上被延长了。（Freud，1917e［1915］）

我认为："可以理解的反对——这是一个普遍观察的问题，即人们永远不会心甘情愿地放弃一个力比多的位置，甚至在一个替代品已经向他们招手时"，而且"然而，它的命令不会立即被遵守"并不是潜意识过程的精神分析解释，而是现象学或临床观察。

我相信这个过程比弗洛伊德所描述的要复杂，而且，根据目前的发展，我可以提供一个更精确的元心理学描述，更符合临床和现象学的事实。

我的假设是：自我接受来自现实检验的判断，从代表丧失的外部客体的内在客体中撤退其力比多投注。与弗洛伊德指出的不同，我认为这种撤退会立即开始，并且会迅速发展为大规模的。这会导致在表征了丧失客体的内在客体中，破坏性或死亡驱力的去中性化、解脱或分离。

关于破坏性或死亡驱力，在这里我指的是使复杂结构变成更简单的结构状态，即变为无机物的倾向："……我们假设有一种死本能，负责把有机生物重新引导到惰性状态……"（Freud，1923b）当力比多的投注被撤退时，所涉及的内在客体不仅仅是"没有生命"，而是经历了一个迅速恶化、瓦解和自我毁灭的过程。这一过程将通过相应的情感和观念来表达和感知。引用一位经典作家的话："死亡的存在和力比多关系的中断使萨纳托斯（Thanatos，死本能）以最初的形式解放出来，这种形式表现为哀伤者的自我禁欲。"（Roheim，1945，p69）

我所描述的过程代表了自我的一种危险处境，它包含了这种积极的自我毁灭和威胁性的"死亡客体"。在这种极度危险的情况下，自我产生了它的信号焦虑，并将它的防御付诸行动。最重要的防御是情欲性力比多和丧失的外部客体的内部表征的大规模再投注，试图中和其破坏性。该防御与弗洛伊德在《超越快乐原则》中所描述的"当防护罩出现缺口"时的防御是一样的：

……从四面八方召唤出投注的能量，以便在缺口周围提供足够高的能量投注。一场大规模的"反投注"被建立起来，为了它的利益，所有其他的精神系统都变得贫乏……（Freud，1920g，p30）

由于所有这些过程并不是同时发生的，很难描述它们与个体的心理意识状态的确切对应关系。但我要说的是"不！不！我真不敢相信！"相当于最初否认的阶段。麻木或震惊、静止不动和分离对应于力比多投注的大规模撤退，以及破坏性驱力的"解放"。下一步将对应于对死者的短暂认同，也可以通过像死者一样死去的愿望和/或想法来表达。此外，在这个阶段，处于哀伤中的个体可能会体验到一种强烈的精神痛苦和焦虑感，和/或一种痛苦的空虚感。

伴随着对这种内在危险的防御（主要是力比多再投注）的启动，出现了对死亡的恐惧（对大规模认同的恐惧）。而重要的力比多对丧失客体的内部表征的再投注，使主体的思想几乎永久性地被他对丧失客体的思考和感受占据，"我想不出其他任何东西""我无法把它从我的脑海中抹去"，等等。

弗洛伊德在《哀伤与忧郁》中以一种非常相似的方式描述了这种情况，

尽管弗洛伊德认为这种情况只发生在忧郁症中，而不是在正常的哀伤中。我认为这是个错误。

忧郁的复杂性就像是一个开放的伤口，将源于各个方向的投注的能量吸到自身这里——在移情性神经症中，我们已经称其为"反投注"——而且，它清空自我，直到它完全穷困。(Freud, 1917e [1915], p253)

在这里，我们可以察觉到一个微妙的区别：在这个构想中，"忧郁的复杂性""就像是一个开放的伤口"，并吸引着投注的能量。在我提出的假设中，正是自我（自体）发出了防御性的反投注。[在这一点上，我的描述与弗洛伊德的《超越快乐原则》（Freud, 1920g）一致]。我认为，这种差异源于我们首先考虑的是主观体验还是元心理学描述。从后者来看，事情就像我描述的那样，既有哀伤，也有忧郁。从哀伤中的主体体验来看，事情就像弗洛伊德描述的那样。这让我把哀伤者的主观感受描述为"内在死-活的客体"，就像天文学家所说的"黑洞"。当防御性的情欲性反投注活跃时，所有这一切都可以被清楚地看到，因此，对死者高度认同的防御被设置起来。

例1 在英格玛·伯格曼（Ingmar Bergman）的电影《哭泣与低语》（*Cries and Whispers*）中，一个女人正为死去的姐姐守灵。有一次，死去的女人坐起来抓住她的妹妹，就像想把她拖走一样。活着的妹妹经过短暂的挣扎后，终于在恐惧中逃脱了。

例2 一位患者因为心爱的父亲去世而处于极度悲痛之中："塞尔吉奥病了，住在医院里。我走在医院的走廊上，铃声从一间黑暗的房间里传出，好像有人在叫。我很害怕，就跑掉了。"然后她联想到："在我的胸腔中有一个巨大的洞，东西通过它往下掉。"

在哀伤的过程中，由于对被迫害的恐惧，出现了典型的姑息思想。有句

拉丁谚语说："死者除了美好的事物外，一无所有。"这是讣告和葬礼悼词的规则。士兵们守在棺材周围的虔诚仪式、沉重的墓碑、坟墓上的纪念碑，都可以被追溯为是非常古老的防止死而复生的措施。

对丧失客体的消极方面的否认，对其积极方面、努力和性格特征的过度赞扬，往往会导致对该客体或多或少重要的理想化。然而这种理想化使主体与客体之间产生了一定的距离，促进了他们的分离，从而也促进了哀伤的过程。

关于死亡或破坏性驱力的题外话

在1920年，弗洛伊德推测地提出了死亡或破坏性驱力。但仅仅几年之后，他就明确表示，这是他必须持有的一个假设。我知道弗洛伊德理论的这一方面在精神分析学界并没有得到普遍的接受，而那些接受它的分析师们也没有对它有共同的看法。由于我发现破坏性死亡假说在理论上和临床上都是有用的，而且我已经在本章中使用了它，所以在这个简短的题外话中，我想补充一些相关的评论：

---

a. 许多误解是由于同时对该理论的不同层次进行争论而产生的。我认为在科学争论中，区分三个不同的层次是有帮助的：生物学的、心理学的和社会的。

b. 死亡的驱力本身没有目的、没有意义、没有有意义的结局。只有通过它不可避免地与生命驱力混合（Freud, 1940a ［1938］），意义、理性和结局才会出现。

题外话：哀伤中内在的丧失客体

梅兰妮·克莱因曾有过动人的描述："根据我的经验，内心偏执地将死亡客体感知为一位神秘而离奇的迫害者。他被认为没有完全死亡，并且可能在任何时候以狡诈和阴险的方式重新出现。"（Klein, 1950, p304）。

威利·巴朗热（Baranger，1961）详细描述了该客体的各种变化：死-活的客体、垂死的客体、死亡的客体，也在主要的克莱因参照系内。

我会注意到，"死-活"的客体表达意味着该客体的一部分是死的。这是半真半假的。问题是，在精神现实中，客体被认为是活着的，特别是在第一阶段，带有恶意地活着并且呈现出他之前最糟糕的一些特征和特质。在这里，拉各奇（Lagache，1956）的格言"哀伤工作的目的是杀死死者"，获得了最大的有效性。

哀伤中攻击性起源的概要年表

弗洛伊德假设，对内化客体的攻击性主要源于先前对它的矛盾情绪。

亚伯拉罕（Abraham，1924b）描述了对丧失客体的内化不仅发生在自我中，也发生在超我中，因此内化的客体现在也攻击和谴责主体的自我。

根据我现在提出的假设，内在"丧失"或"死亡"客体的迫害和攻击性取决于它的破坏性驱力的去中立程度，这是力比多从它身上撤退的结果。如前所述，这个（功能性）结构可以作为自我或超我发挥作用。

认同

经典理论认为，哀伤过程以对丧失客体的结构性和部分认同而结束。在我的经验中，对丧失的客体，有早期的，且大部分是暂时的和部分的认同，但具有反映其消极方面的特征：反映它的症状、失败、弱点。我把这种局部的、经常——但不总是——发生的短暂的认同命名为死亡认同（thanatic identifications）（Aslan，1978a）。

这些"死亡认同"有多种版本。也许最常见的例子就是丧服：白色、紫色、黑色在不同的文化中都是丧服的颜色，它们模仿的是苍白、紫绀和腐败。

到目前为止，我主要强调了被害的情况、想法和哀伤过程的各个方面。

现在，我必须再次坚持对丧失客体更成熟、更重要、更现实、更理性的反应：悲伤、精神痛苦、焦虑、无助、孤独。正如恩格尔（Engel，1962）指出的那样，在这些状态中，流泪是典型的一种，它意味着一种内在需求的缓解、某种程度的退行，以及与他人的沟通。

过程的横向路线图

这是一个异构的视图。

1. 客体的某些部分经历了二次认同的过程。在哀伤之初，它们大多是"死亡"的，但在力比多投注的持续压力下，它们慢慢变成了"情欲性的"认同。
2. 客体的一部分经历了理想化的过程。尽管这暗示了一定程度的否认，但它也创造了一定的"距离"，促进了从客体的撤退，同时作为对以下行动的反投注。
3. 客体的某些部分仍然对自体充满仇恨、破坏性和攻击性。这里再次引用弗洛伊德（Freud，1912-1913）的话："我们知道死者是强大的统治者；但让我们吃惊的是，他们被当作敌人对待。"

正如我之前所说的，这些客体，以及它们所产生的二次认同，都可以作为自我或超我。老套且常见的情况可以说明这一点，如下面的片段所示，如果一个新近丧偶的鳏夫打算与人发生性关系，并出现阳痿，我们可以推测：①代表死/活妻子的内在客体，或其随后的认同，都作为超我，与他的性欲相冲突，这将使鳏夫感到内疚和痛苦，这些情绪干扰性功能。②如果死去的妻子被认同为自我，那么鳏夫甚至可能没有欲望——他将对性"没有感觉"，且/或他的生殖器也将"死亡"。③最常见的情况是两者兼而有之。

场景：进化

在哀伤的顺利演变中，也就是说，在它被解决的过程中，我的基本假设是，通过生命驱力、力比多的不断流动，对丧失客体的精神表征产生影响，使死亡的/被迫害的客体得到中和，并最终与它分离。

在这种比喻描述中，亲密过程是什么？

我们对这种由力比多驯服死本能的方式和方法没有任何生理上的理解。就精神分析的思想领域而言，我们只能假定，在不同的比例下，这两类本能发生了非常广泛的熔接和融合……（Freud，1924c，p164）

在顺利的演变过程中，我们可以观察到以下情况：

1. 对丧失客体的认同变成了对其最积极的特征、成就和理想的认同。（"我现在要成为一名建筑师，就像我母亲希望的那样。"）

2. 痛苦的情感涉及从主要对哀伤中主体的关注（精神的痛苦、恐惧、焦虑）演变为主要对丧失客体的关注（悲伤、哀伤、渴望）；然后它们逐渐减少，最终消失。

3. 记忆变得更加真实、完整和充分。对丧失客体的理想化倾向于消失，取而代之的是一个更现实的人的画面。

4. 在这一过程的最后，自我被积极的、"情欲性的"认同充实，力比多对新的客体和关系是自由的，主体能够现实地记住失去的关系中的快乐和不愉快。

哀伤、病理性哀伤和忧郁

在"哀伤如病"中，我引用了弗洛伊德和恩格尔的话，他们都认为正常的哀伤与病理过程相当。我想补充一点，在我看来，在它的演变过程中，正常哀伤经历了不同的、连续的意念和情感的精神状态，这些状态在数小时、数天、数周甚至数月中，重复或类似于抑郁-忧郁的状态。它们涵盖了抑郁症的整个范围，从精神病性否认和昏迷性抑郁症开始，接着是重度抑郁和神经性抑郁，再到单纯抑郁和"普通的不快乐"（Freud）。

如果由于内部或外部因素（或两者都有），哀伤过程停止，或大幅延长，保持"固着"在一个特定的阶段，这个人将表现出忧郁-抑郁的状况，与哀伤过程所达到的进展程度一致。停得越早，抑郁就越严重。

最常见的干扰和阻止这一过程发展的因素有：自恋的客体选择；自恋型人格障碍，没有明确的主体-客体区分；先前对丧失客体的极端矛盾性；极度苛刻的之前的超我（过度内疚、受虐等）；多次或重大丧失；极端创伤情境下的丧失；等等。一般来说，我们会遇到这些因素的组合。

最后，我想强调以下结论：

▷ 当哀伤的过程在其进展中被打断时，它就变成一种病理性哀伤，并且是抑郁-忧郁病理的原因。

▷ 并不是所有抑郁-忧郁的病理都是由病理性哀伤引起的。

▷ 病理性哀伤的种类繁多，其起源和临床特征并不如以上所述的，如"悲伤缺乏""代理哀伤"等，这超出本章的范围。

教授弗洛伊德的《哀伤与忧郁》

琼·米歇尔·奎诺多兹❶（Jean-Michel Quinodoz）

《哀伤与忧郁》是弗洛伊德对精神分析的主要贡献之一。但是，像他的大多数作品一样，这项贡献不能作为一个孤立的作品来阅读。随着弗洛伊德不断修正他的思想，我们需要考虑他四十多年来思想的演变。这就是为什么我同时使用选择性的和按时间顺序的方法来教授弗洛伊德的精神分析文本，特别是《哀伤与忧郁》。这两种方法并不是对立的，事实上，它们是互补的，因为每一种方法都以自己的方式说明了弗洛伊德是如何利用不确定性，并将他的临床经验考虑在内，以进一步发展他的发现的。

出于教学原因，我将本章分为四个部分：

① 弗洛伊德之前：卡尔·亚伯拉罕；

② 《哀伤与忧郁》和弗洛伊德后来的发展；

③ 有选择的后弗洛伊德学派的贡献：克莱因取向；

④ 关于按时间顺序阅读弗洛伊德著作的研讨会。

---

❶ 琼·米歇尔·奎诺多兹是在日内瓦私人执业的精神分析师。他是瑞士精神分析学会（Swiss Psychoanalytical Society）的培训分析师和英国精神分析学会（British Psychoanalytical Society）的荣誉会员。曾任《国际精神分析杂志》欧洲版编辑（1994～2003），现为《国际精神分析杂志》的法语、意大利语、德语和俄语版"新年刊"主编。他以多种语言发表精神分析论文 80 余篇，著有《驯服孤独：精神分析中的分离焦虑》（*The Taming of Solitude：Separation Anxiety in Psychoanalysis*）《翻页的梦》（*Dreams That Turn Over a Page*）《读弗洛伊德：弗洛伊德作品的年代探索》（*Reading Freud：Chronological Exploration of Freud's Writings*）。

弗洛伊德之前:卡尔·亚伯拉罕

抑郁症精神分析研究的先驱

弗洛伊德在《哀伤与忧郁》中提出的假说在很大程度上要归功于卡尔·亚伯拉罕（1877—1925）的开创性工作，他是早期精神分析史上的重要人物。亚伯拉罕出生于德国，1907年前往苏黎世，接受伯格尔兹利诊所主任欧根·布洛伊尔（Eugen Bleuler）的进一步培训。荣格是伯格尔兹利诊所的高级专业医师。亚伯拉罕是在瑞士时第一次了解到弗洛伊德的作品。

亚伯拉罕立即接受了弗洛伊德的思想，尽管他开辟了新的道路，有时也与他的导师产生分歧。他的许多论文的特点是它们具有说服力且表达得很清晰。我想特别请大家注意亚伯拉罕关于躁狂抑郁症和力比多发展阶段的开创性工作。他是第一个治疗躁狂抑郁患者的精神分析师，在写于1911年的一篇论文中，他表明，抑郁症患者无力去爱，这是由于其施虐幻想的暴力本质以及"（他们的）力比多的施虐成分过强"（Abraham，1911 [1988]，p139）。根据亚伯拉罕的观点，抑郁源于对患者施虐倾向的压抑；忧郁和躁狂状态是由相同的情结支配的，只是患者对待这些情结的态度不同而已。他还提出，成年人的抑郁可能源于儿童的基础抑郁；尽管他无法证明这一点，梅兰妮·克莱因确实为他的假设提供了临床证明，他与弗洛伊德分享了这一发现［亚伯拉罕给弗洛伊德的信，1923年10月7日（Falzeder，2002）］。

1924年，亚伯拉罕发表了一篇对他的观点进行广泛综合的文章，在其中，他试图定位不同精神疾病的固着点与力比多的发展阶段。他特别区分了力比多发展的肛门施虐阶段的两个子阶段和口腔阶段的两个子阶段。根据亚伯拉罕的说法，肛门虐待阶段的两个子阶段一个是早期肛门期，与清除和摧毁客体有关，这是抑郁和忧郁的固着点，另一个是后期阶段，与保留和控制客体有关，这是强迫性神经症的固着点。在抑郁症中，固着点甚至可能比清除的早期施虐亚阶段更早：根据亚伯拉罕的说法，在这种情况下，固着点涉及力比多发展的口腔阶段。在这里，也有两个子阶段：早期前矛盾性吮吸的口腔阶段，和后来的口腔施虐阶段，这对应于初级齿列，并产生吮吸和咬之间的矛盾性。同时，亚伯拉罕从客体关系的角度描述了爱与恨的情感发展，直到生殖器官发育阶段，对整个客体的爱得以确立："只有当力比多达到其生殖阶段时，爱的完整能力才得以实现。"（Abraham，1924a，p425）

《哀伤与忧郁》和弗洛伊德后来的发展

A.《哀伤与忧郁》

正常和病理性哀伤过程

在《哀伤与忧郁》一书中，弗洛伊德探讨了个体对与所爱之人有关的实际丧失或失望，或对理想丧失的反应：为什么有些人会以我们称之为哀伤的情感来回应，这种情绪在一定时间后会被克服，而其他人会陷入抑郁——被弗洛伊德称为"忧郁症"的综合征？

在这一点上，我想强调的是，在弗洛伊德时代被称为"忧郁症"的东西，在今天会被称为"抑郁症"，"忧郁症"一词被保留为最严重的、精神病形式的抑郁症（Bonaparte et al.，1954；Laplanche，1980；Strachey，1957c）。这种语言上的精确性是非常重要的，因为在拉康之后，仍然有精神分析学家认为《哀伤与忧郁》描述的是一种无法治愈的精神状态——限制了"忧郁症"的概念，并将其置于精神分析领域之外。

弗洛伊德指出，正常哀伤的过程涉及意识，而病理性的哀伤与潜意识有更多的关系，因为抑郁症患者"无法在意识层面上感知到已经失去的是什么"（Freud, 1917e [1915], p245）。在正常和病理性哀伤中，两者共同的抑制和利益的丧失可以通过吸收自我的哀伤工作来解释。然而，在忧郁症中，还有一个额外的因素：自尊的急剧下降。"在哀伤中，世界变得贫瘠和空洞；在忧郁中，自我本身变得贫瘠和空洞"（p246）。在病理性哀伤中，丧失自尊是最主要的，表现为自责和自卑。我们如何解释这些可能导致对惩罚妄想性期望的自我指责呢？

在忧郁中,"我无能!"的真正意思是"你无能!"

我花了许多年时间一遍又一遍地阅读弗洛伊德的《哀伤与忧郁》,才理解了他对抑郁状态起源的详细描述。最后,当我在进行精神分析治疗的过程中观察到弗洛伊德复杂的假设在我的患者身上的作用时,我真正开始深刻理解弗洛伊德的假设。现在我想用临床经验中的片段来讨论弗洛伊德的文本。

弗洛伊德的独创思想是,他意识到抑郁症患者的自我指责实际上是对某些"丧失"的重要人物的谴责,通常是患者身边的人。因此,他说,"因为丈夫被束缚在像她自己这样无能的妻子身上而大声对丈夫表示同情的妇女,实际上是在指责她的丈夫是无能的,在任何意义上她都可能是这个意思"(Freud, 1917e[1915], p248)。换言之,当这个女人责备自己说:"我无能!"时,这种自责实际上是一种潜意识的对丈夫的指责:"你没有能力!"弗洛伊德用德语如此简洁地描述了这样的患者:"*Ihre Klagen sind Anklagen.*"——"他们的抱怨实际上蕴含了'诉苦'这个词的古老含义。"(p248)——这里指的是抱怨(*Klagen*,发牢骚意义上的抱怨)和指控(*Anklagen*,法律意义上"对某人提起诉讼"的抱怨:指控)两个词词义间的缩合。

根据他的直觉,弗洛伊德意识到忧郁症患者在表达自责时所使用的词汇——例如,当患者说"我无能!"时——是对他或她内心冲突的准确描述。"重点应该是,他对自己的心理状态给出了正确的描述。"(p247)

鉴于这些自责的真正语言结构源自忧郁者内心冲突的组织,弗洛伊德对所涉及的不同元素进行了系统的探索,将每一步分解为其组成部分:他依次描述了丧失客体的口腔内射,通过从对客体的爱退行到自恋来实现的客体认同,对原本针对客体的恨的主体进行回溯,等等。我将逐一检查这些概念:为了正确理解这些过程,读者将不得不密切关注我的描述,主要是因为弗洛伊德的理论所依据的临床材料仍然是含蓄而不明确的。不过,我将试图对所有这些方面作一个概述。

与外部世界的决裂和自恋性退缩

忧郁者明确的自我指责中,存在"你"/"我"的置换:当他说"我是无能的"时,其实真正隐含的意思是"你是无能的!"弗洛伊德解释了其背后的过程。什么样的心理过程对应于这种语言表达的转换？弗洛伊德解释说，当客体丧失时，正常哀伤和病理性哀伤之间有一个根本区别——这一区别源于力比多投注引导方向的改变。在正常的哀伤中，个体能够放弃"丧失的"客体，并将力比多从它那里撤出，这样，现在自由的力比多就可以将自己依恋于新的客体。然而，在忧郁症中，个体并没有将力比多从丧失客体中撤出：自我在幻想中"吞噬"了客体，为了不与之分离，为了与之合而为一——这是通往自恋认同的路径。"因此，客体的这个阴影落在自我中，而自我从此以后可以被一个特定的代理评判，好像它就是一个客体，那个被抛弃的客体。以这种方式，客体的丧失转变成自我的丧失，自我与所爱之人之间的冲突转变成自我的批判活动与被认同改变的自我之间的分裂。"（Freud，1917e［1915］，p249）正是从客体投注到自我客体融合投注的方向改变，解释了忧郁者对身边人的兴趣丧失以及随之而来的"自恋"撤退至自体：忧郁的患者是如此专注于自己，就好像陷入了自责的旋风。此外，将指责转向个体暗示了自我的分裂：一部分与丧失客体融合，而另一部分则对患者进行批判，并将自身作为一种中介，弗洛伊德称之为"良心"。"我们看到在他内部自我的一个部分如何与另一个部分对立起来，批判性地评判它，就好像把它当作自己的客体。"（p247）这个批评部分是超我的先驱。

爱退行到自恋性认同

而恨则反过来针对主体

弗洛伊德写道，抑郁症患者强烈的自我毁灭倾向，是由于对客体和自我的爱与恨之间的矛盾性强化的结果；这些情感随后分离，每一种都追随其各自的轨道。一方面，主体继续爱着客体，但以回归原始形式的爱——认同为代价，即"爱"客体意味着"成为"客体。"对客体的自恋性认同就成为情欲性投注的替代，其结果是，尽管与所爱的人有冲突，但是爱的关系不需要被放弃。"（Freud，1917e［1915］，p249）力比多退行至同类相食的口欲发展阶段，在这个阶段，自我通过吞食客体而将其融入自身。同时，由于自我对所爱客体的自恋性认同，主体对外在世界中的客体的仇恨从此转向了自我，并与之融合。"如果对于客体的爱——尽管这个客体本身已经被放弃，但是爱无法被放弃——在自恋性认同中找到了避难所，那么，恨就开始在这个替代性客体身上产生作用，虐待它，贬低它，使其受苦，并从其受苦中获得施虐性的满足。"（p251）

外显的自我责备隐藏着对他人的责备

弗洛伊德指出了另一个决定性的因素，他指出忧郁者的自我谴责同时也是对客体的攻击，换言之，患者自恋的退缩并不排除潜意识客体关系仍然存在的事实。他指出，就像强迫症患者一样，忧郁症患者发现，同时对自己和其他人（通常是患者身边的人）表现出施虐和充满仇恨的倾向是一种"享受"。"在这两种障碍中，患者通过自我惩罚的迂回路径，通常成功地对原始客体进行报复，并且通过他们的疾病成功地折磨他们所爱的人。他们之所以诉诸这样的方法，是为了避免公开表达他们对于他的敌意的需要。"（Freud, 1917e [1915], p251）弗洛伊德认为，抑郁症患者的自我批评是一种攻击客体并对其进行报复的方式，他指出，除了自恋之外，这些患者设法与他们的直接圈子保持一种客体关系——一种基于仇恨和攻击性的客体关系。也许正是因为他强调了躁狂抑郁症患者的自恋性撤退，才使他得出这样的结论，即这些患者无法建立一种移情关系，因此无法进行分析，因此被称为"自恋性神经症"。后弗洛伊德精神分析学家表明，这些患者确实建立了一种移情关系，而且这种关系可以被分析，尽管在这种移情中，对分析师的敌意是最主要的。

B. 弗洛伊德后来对《哀伤与忧郁》的发展

新想法、新发展

当我们考虑到弗洛伊德后来为完成他的最初假设而提出的发展时，他对抑郁的心理机制的最初描述更容易理解。至于其他的基本概念，如俄狄浦斯情结，弗洛伊德从来没有在一篇论文中，也没有在一本书中，把他关于病理性哀伤的观点集合起来。因此，我们需要审视一下弗洛伊德1917年以后的相关论文，以创造我们自己的综合观念。

对生死驱力之间冲突的概述（Freud，1920g）

自我毁灭的冲动对抑郁症患者起着至关重要的作用，这是导致弗洛伊德修正他的本能驱力第一理论的因素之一，该理论基于他在 1915 年提出的快乐/不快乐原则。如果每种驱力的目的都是获得满足，那么我们如何解释是什么导致抑郁症患者自杀呢？正是为了回答这个问题，弗洛伊德在 1920 年提出了一种新的本能驱力理论，基于生死驱力之间的根本冲突；他将这一概念应用于几种不同的精神病理状态，包括忧郁症。

自我、本我和超我的冲突（Freud，1923b）

1915 年，在《哀伤与忧郁》中，弗洛伊德将忧郁者的自我谴责归因于自我的一部分对另一部分的"批评"："良心"或"一个人良心的声音"。1923 年，这种"批评"成为一个独立的部分，他称之为超我，并描述了它与另外两个新被定义的部分——自我和本我——之间的密切联系。在正常情况下，超我对自我有监管作用，而后者必须应对本我驱力的基本要求。然而，弗洛伊德指出，忧郁症中超我对自我公然施虐，他写道，由于这种疾病，超我

以无情的暴力对抗自我，就好像它已经占有了所涉及个体可用的全部施虐欲望……现在支配超我的是一种纯粹的死本能的文化，事实上，它常常成功地将自我推入死亡，如果后者没有及时地通过转变为躁狂来击退这位暴君的话。（Freud，1923b，p53）

自我的分裂（Freud，1927e）

当弗洛伊德描述忧郁症患者的"良心"批评自我的严苛程度时，自我分裂的想法已经在《哀伤与忧郁》中出现，它要么被明确表达为"分裂"，要么作为自我的一部分与其余部分"分离"。随后，在他的论文《拜物教》（*Fetishism*）（Freud，1927e）中，他继续完成了关于自我分裂的观点，他认为，在抑郁症中，这种分裂是否认客体丧失的结果。他用对两兄弟的分析来说明他的论点，两兄弟在还是孩子的时候就"回避"（scotomize）了父亲的死亡，但他们都没有患上精神病。

> 在他们的精神生活中，只有一股力量没有意识到父亲的死，还有一股力量充分考虑了这一事实。符合愿望的态度和符合现实的态度是并存的。在我的两个案例中，这种分裂已经形成了较严重的强迫性神经症的基础(Freud，1927e，p156)。

换言之，在病理性哀伤中，自我分裂的想法表明了自我的一部分可以否认丧失的现实，而另一部分可以接受它。在他最后的一些论文中，弗洛伊德越来越重视一些现象，如否认["不承认"（disavowal）]现实和自我的分裂。

有选择的后弗洛伊德学派的贡献

无数的贡献

我们不可能详尽地叙述后弗洛伊德学派对弗洛伊德的《哀伤与忧郁》的贡献，不仅因为这一章的局限性，而且因为它们是如此之多。出于教学的原因，我选择仅呈现梅兰妮·克莱因和她的追随者在客体关系、爱与恨、内射、投射、否认、分裂等领域的主要观点，因为它们主要源于弗洛伊德的《哀伤与忧郁》。

克莱因和克莱因后的发展

在她提出自己的具体观点之前，梅兰妮·克莱因把她的假设建立在经典弗洛伊德理论的基础上。在她的作品所基于的弗洛伊德基本概念中，有几个可以在弗洛伊德关于元心理学的论文中找到，特别是在《哀伤与忧郁》中。克莱因本人从来没有提到过"元心理学"，而是更倾向于用临床术语来表述她的概念：她特别强调了结构性概念，比如"偏执-分裂"和"抑郁"位相，以及投射性认同。我将首先快速概述这些概念。

关于思想和改变工作的结构性概念

通过引入"位相"（position）的概念，梅兰妮·克莱因不仅能够识别出心理结构的两种截然不同的、基本的状态——偏执-分裂位相和抑郁位相，而且还能够解释在精神分析过程中发生的结构改变。"位相"的想法不同于力比多发展的时序"阶段"（例如口欲期或性器期），因为它是一个结构性的概念，旨在反映心灵组织的现状和发生在这两个状态之间的转换。

许多因素在偏执-分裂位相和抑郁位相的构成中起作用，也在从一种状态向另一种状态的转变中起作用，例如自我的凝聚力程度（支离破碎还是整合？）、客体关系的本质（部分客体还是整体客体？）、使用的防御机制的级别（原始还是更高级？）。换言之，克莱因用她的"位相"结构概念证明了从偏执-分裂位相到抑郁位相的转变代表着从精神病性功能到心理健康的根本性转变。这些新的发展使分析抑郁和精神病患者的移情成为可能，弗洛伊德将这种患者归类为"自恋性神经症"，认为他们不可用于精神分析。

从"纯粹的快乐-自我"到爱与恨的整合

克莱因以弗洛伊德在《本能及其变迁》（Freud，1915c）中描述的"纯粹的快乐-自我"，以及与之相关的，特别是《哀伤与忧郁》中的投射和内射概念为模型，描述了幼儿情感的发展。她从他们最早的部分客体关系开始，发展到与独立的整体客体的关系，并以此为基础，继续描述婴儿早期的关系是建立于一个部分客体——母亲的乳房，它被分裂成一个理想的乳房——所有期望的来源，和一个迫害性的乳房——仇恨和恐惧的客体，她称之为"偏执-分裂位相"。她接着描述了自我及其客体逐渐整合之后的演化过程，当婴儿开始将母亲作为一个完整的人来感知和爱时，这个改变标志着她所谓的"抑郁位相"的开始。

如果阅读弗洛伊德 1915 年根据克莱因的概念所写的东西，我们可以看到弗洛伊德凭直觉感觉到情感和客体关系的质量确实发生了变化；然而，他没有明确地从爱与恨的整合和从部分客体到整体客体关系的转换来进行概念化。克莱因后来对弗洛伊德勾勒爱恨变迁的图景做出了自己的贡献，从而使得它们在临床实践中的运用成为可能。

哀伤和躁狂-抑郁状态

弗洛伊德在《哀伤与忧郁》中提出的观点，也启发了克莱因，于是她建构了自己的躁狂-抑郁状态理论（Klein，1935）。她发现，攻击性和力比多之间的冲突起源很早，正如弗洛伊德在 1917 年对成人抑郁状态的描述那样，抑郁症的固着点是在儿童早期。克莱因发展了弗洛伊德所说的攻击性和内疚感在抑郁情绪中所起的作用，她认为，在这种情况下，修复的想法特别重要，即希望恢复/修复被攻击性和破坏性幻想破坏的客体。她指出，有两种类型的修复：一种是正常的创造性修复，这是由抑郁状态产生的，与对客体的爱和尊重有关；另一种是病理性的修复，可以采取几种形式，例如，基于成功地否认抑郁情绪的躁狂性修复，或基于以一种神奇的方式消除抑郁焦虑的强迫性修复。

克莱因也被迫修正弗洛伊德关于压抑的观点，她意识到，在严格意义上的压抑形成之前，一些防御机制就已经在运作了，正如我们在《哀伤与忧郁》中看到的那样。然后她区分了原始防御机制和压抑机制，前者通过分裂自我来影响自我的结构，后者对精神内容起作用而不改变自我的结构。原始防御机制诉诸一种压制（suppression）形式，这种压制对外在现实和精神现实有着特别强烈的影响，它表现为在抑郁中否认丧失客体的丧失，在这方面，它们与压抑有很大不同。在这些原始防御机制中，有五种与克莱恩的理论特别相关，分别是否认、分裂、投射、内射和全能感。1946年，克莱因在这些理论中加入了她称之为投射性认同的机制，从而使这个概念成为克莱因精神分析的中心原则之一，也成为其他思潮的核心原则之一。

关于按时间顺序阅读弗洛伊德著作的研讨会

教授弗洛伊德理论和著作的许多方式

弗洛伊德发表的作品在本质上是既令人印象深刻又复杂的。他的精神分析论文大约有二十四卷，而他的书信包括一百多本。我们怎样才能对这样庞大的工作形成全局的看法呢？阅读和教授弗洛伊德理论和著作的方法有很多种，尽管每种方法都有其优点和缺点，但它们都是相辅相成的。1988年，我开了一个研讨会，专门阅读弗洛伊德的主要贡献，但通常的阅读和评论文本的方式并不吸引我。我的想法是，所有的参与者都应该通过从传记、思想理论、后弗洛伊德的发展等不同的角度来理解我们正在研究的文本。我觉得沿着这些思路工作可以让我们对弗洛伊德的文本进行补充，这要归功于一种双重的方法：对弗洛伊德的著作进行时间顺序的研究，与相关的、互动的、非线性的方法相结合。

每个成员的积极参与

关键的一点是，研讨会的参与者应该直接参与正在发生的事情：这不是一系列的权威讲座，我的作用仅限于在预定的时间内帮助他们工作（每年15次，为期三年，每次两小时）。这种参与意味着个人工作和与其他成员分享思想和发现。在我们一起旅行的过程中，我逐渐意识到，小组越是被要求积极参与研讨会的建设，他们就越是赞赏并从中受益。缺勤率几乎可以忽略不计的事实突出了这一点。

个体的工作暗示了以下几点：

▷ 阅读选定的文本：在研讨会开始前，每位与会者阅读预定的文本，以便在讨论期间能够与他人分享自己的想法；

▷ 关于翻译方面的选择自由：每个参与者可以选择他或她喜欢的语言或翻译，一些参与者阅读弗洛伊德的德语原文。译文的多样性意味着我们可以突出弗洛伊德的译者必须处理的问题的复杂性。

▷ 写一篇简短的评论：每个参与者写一篇 300 词左右的评论（一页），以下面的标题为例：

① 《传记与历史》——简要介绍弗洛伊德及其同时代人在他撰写论文时的生活情况，从而将其置于历史背景中。

② 《弗洛伊德概念的时间演化》——在论文中，展示弗洛伊德是如何逐渐引入新思想的，从而突出其思想发展的历史。

③ 《后弗洛伊德的发展》——从历史和国际的角度，根据所讨论的文本选择主要的后弗洛伊德发展。

④ 《研讨会纪要》——草拟研讨会讨论内容摘要，以便在下次会议上分发。

在研讨会期间，每位与会者都分享各自的工作。通常情况下，会议将从分发与我刚才列举的各种标题有关的评注开始。一位参与者会读给其他人与弗洛伊德传记相关的材料，然后另一位参与者阅读与弗洛伊德的概念相关的材料，然后展开讨论。在研讨会的最后一部分，一位参与者将宣读有关后弗洛伊德学说贡献的材料，然后进行一般性讨论。会议只持续很短的时间，这一事实是非常令人兴奋的，因为在实际会议之前，每位与会者都必须思考所涉及的各种问题，并准备一份他或她想与小组分享的想法的简短陈述。

高标准的期望是一个动力性因素

我很清楚，这要求很多参与者不仅亲自阅读弗洛伊德的大部分著作，而且分享他们对这些著作的想法，并做任何必要的研究，以便就其中一个标题撰写评论。为研讨会做准备，要求他们花相当长的时间从事这项活动，尽管他们的工作量通常很重，而且他们已经没有足够的时间来处理个人和家庭生活。作为回报，只有当研讨会会议成为分享愉快时刻的机会时，他们才有可能这样做。每位参与者都要发挥积极作用，这一要求被证明是一个决定性的因素，随着研讨会的进行，这一小组的动力性逐渐建立起来。在我们共同度过的固定时间内，这种"额外"的参与为建设研讨会创造了一种友好的势头：我们每个人从一开始就知道研讨会将持续三年。事实上，研讨会给我们带来的不仅仅是知识的增长，因为这样的合作使参与者能够倾听每个人（包括他或她自己）想说什么，这促进了我们所有人的个人发展。这是一种更加开放地对待弗洛伊德试图表达的观点和各种可能的观点的方式。

* * *

感谢大卫·奥尔康（David Alcorn），他出色地翻译了这一章。我也要对瑞士精神分析学会的候选人表示感谢，他们积极参加了我目前仍在日内瓦雷蒙德·德索绪尔精神分析中心（Psychoanalytic Center Raymond de Saussure）举办的一系列研讨会。

参考文献

Abraham, K. (1911). Notes on the psychoanalytic investigation and treatment of manic-depressive insanity and allied conditions. In: *Selected Papers of Karl Abraham*. London: Hogarth Press, 1927 (reprinted London: Karnac, 1988).

Abraham, K. (1916). The first pregenital phase. In: *Selected Papers of Karl Abraham*. London: Hogarth Press, 1927 (reprinted London: Karnac, 1988).

Abraham, K. (1924a). Development of libido. In: *Selected Papers of Karl Abraham*. London: Hogarth Press, 1927 (reprinted London: Karnac, 1988).

Abraham, K. (1924b). A short study of the development of the libido, viewed in the light of mental disorders. In: *Selected Papers of Karl Abraham*. London: Hogarth Press, 1927 (reprinted London: Karnac, 1988).

Alvarez, A. (1992). *Live Company: Psychoanalytic Psychotherapy with Autistic, Borderline, Deprived and Abused Children*. London: Routledge.

Anzieu, D. (1974). Vers une métapsychologie de la création. In: D. Anzieu et al. (Eds.), *Psychanalyse du génie créateur* [Psychoanalysis of the creative genius]. Paris: Dunod.

Aslan, C. M. (1963). "Acerca del objeto interno perseguidor en el duelo patológico." Paper presented to the Asociación Psicoanalítica Argentina. Mimeographed.

Aslan, C. M. (1978a). Un aporte a la metapsicología del duelo. *Revista de Psicoanálisis, 35* (1).

Aslan, C. M. (1978b). Ritualización y fenomenología del duelo. *Revista de Psicoanálisis, 35* (6).

Aslan, C. M. (1997). Tra la vita e la morte. Metapsicología del lutto. *Psicoanalisi 1* (2).

Aslan, C. M. (1999). Acerca de la metapsicología de los objetos internos. In: *Volviendo a pensar con Willy y Madeleine Baranger. Nuevos desarrollos*. Buenos Aires: Grupo Editorial Lumen.

Aslan, C. M. (2003). Psicoanálisis del duelo. *Revista de Psicoanálisis, 60* (3).

Aslan, C. M. (2006). Acerca de la estructura, la repetición, la historia y la temporalidad. In: L. G. Fiorini (Ed.), *Tiempo, historia y estructura*. Buenos Aires: APA Editorial.

Baranger, M. (2004). La teoría del campo. *El otro en la trama intersubjetiva* (pp. 145–169). Buenos Aires: APA Editorial.

Baranger, M., & Baranger, W. (1961–62). La situación analítica como campo dinámico. In: *Problemas del campo psicoanalítico* (pp. 109–164). Buenos Aires: Kargieman, 1969.

Baranger, M., Baranger, W., & Mom, J. (1983). Process and non-process in analytic work. *International Journal of Psychoanalysis, 64*: 1–15.

Baranger, W. (1961). El muerto-vivo. Estructura de los objetos en el duelo y los estados depresivos. In: *Problemas del campo psicoanalítico*. Buenos Aires: Kargieman, 1969.

Baranger, W., Baranger, M., & Mom, J. (1987). The infantile psychic trauma from us to Freud: Pure trauma, retroactivity and reconstruction. *International Journal of Psychoanalysis, 69* (1988, No. 1): 113–128.

Baranger, W., Goldstein, N., & Zak de Goldstein, R. (1989). Acerca de la desidentificación. *Revista de Psicoanálisis, 46* (6): 895–903.

Bergmann, M. S. (1993). Reflections on the history of psychoanalysis. *Journal of the American Psychoanalytic Association, 41*: 929–955.

Bergmann, M. S. (1997). The historical roots of psychoanalytic orthodoxy. *International Journal of Psychoanalysis, 78*: 69–86.

Bergmann, M. S. (2004). *Understanding Dissidence and Controversy in Psychoanalysis*. New York: Other Press.

Bergmann, M. S., & Jucovy, M. E. (Eds.) (1988). *Generations of the Holocaust*. New York: Columbia University Press.

Bibring, E. (1953). *The Mechanism of Depression in Affective Disorders*. New York: International Universities Press.

Bion, W. R. (1957). Differentiation of the psychotic from the non-psychotic personalities. In: *Second Thoughts: Selected Papers on Psycho-Analysis* (pp. 43–64). London: Heinemann, 1967 (reprinted London: Karnac, 1984).

Bion, W. R. (1959). Attacks on linking. In: *Second Thoughts: Selected Papers on Psycho-Analysis* (pp. 93–109). London: Heinemann, 1967 (reprinted London: Karnac, 1984).

Bion, W. R. (1961). *Experiences in Groups*. London: Tavistock.

Bion, W. R. (1962a). *Learning from Experience*. London: Heinemann; New York: Basic Books.

Bion, W. R. (1962b). A theory of thinking. In: *Second Thoughts: Selected Papers on Psycho-Analysis*. London: Heinemann, 1967 (reprinted London: Karnac, 1984).

Bion, W. R. (1965). *Transformations: Change from Learning to Growth*. London: Heinemann.

Blanchot, M. (1962). *L' attente, l'oubli*. Paris: Gallimard.

Bleger J. (1990). *Symbiosis and Ambiguity: The Psychoanalysis of Very Early Development*. London: Free Association Books.

Blos, P. (1979). *The Adolescent Passage: Developmental Issues*. New York: International Universities Press.

Blum, H. (1999). El valor clínico de los sueños diurnos y una nota sobre su papel en el análisis del carácter. In: E. S. Person, P. Fonagy, & S. A. Figueira (Eds.), *En torno a Freud. El poeta y los sueños diurnos*. Madrid: Biblioteca Nueva.

Bonaparte, M. (1951). *La sexualité de la femme*. Paris: Presses Universitaires de France. (English: *Female Sexuality*. New York: International Universities Press, 1953.)

Bonaparte, M., Freud, A., & Kris, E. (Eds.) (1954). *The Origins of Psycho-Analysis: Letters to Wilhelm Fliess, Drafts and Notes: 1887-1902*. London: Imago.

Borges, J. L. (1967–68). *Arte poético*. Barcelona: Ed. Crítica.

Botella, C., & Botella, S. (1990). *La figurabilité psychique*. Paris: Delachaux et Niestlé, 2001.

Braun, J., & Pelento, M. L. (1988). Les vicissitudes de la pulsion de savoir dans certains deuils spéciaux. In: J. Puget & R. Kaës (Eds.), *Violence d'état et psychanalyse*. Paris: Dunod. (Spanish: *Violencia de Estado y Psicoanálisis*. Buenos Aires: Centro Editor de América Latina, 1991.)

Califano, M. (2002/2003). *I desaparecidos nella storia e nella memoria degli Argentini*. Bachelor's Thesis in Contemporary History, Università degli Studi di Bologna.

Campbell, R. (1983). An emotive apart. *Art in America* (May): 150–151.

Caper, R. (1995). On the difficulty of making a mutative interpretation. In: *A Mind of One's Own: A Kleinian View of Self and Object* (pp. 32–43). London: Routledge, 1999.

Cassorla, R. M. S. (2001). Acute enactment as resource in disclosing a collusion between the analytical dyad. *International Journal of Psychoanalysis, 82* (6): 1155–1170.

Cassorla, R. M. S. (2005a). From bastion to enactment: The "non-dream" in the theatre of analysis. *International Journal of Psychoanalysis, 86* (3): 699–719.

Cassorla, R. M. S. (2005b). "Enactment and Trauma." Panel, IPA 44th Congress, Rio de Janeiro.

Chasseguet-Smirgel, J. (1999). Un comentario. In: E. S. Person, P. Fonagy, & S. A. Figueira (Eds.), *En torno a Freud. El poeta y los sueños diurnos* (pp. 124–125). Madrid: Biblioteca Nueva.

Cotard, J. (1882). Du délires des négations. In: *Études sur les maladies cérébrales et mentales*. Paris: Baillière, 1891.

Deutsch, H. (1930). Melancholia. In: *Psycho-Analysis of the Neuroses*. London: Hogarth Press.

Duhalde, E. L. (1997). *El estado terrorista. Quince años después, una mirada crítica*. Buenos Aires: Eudeba.

Ellman, S. J., & Moskovitz, M. (Eds.) (1998). *Enactment: Toward a New Approach to the Therapeutic Relationship*. Northvale, NJ: Jason Aronson.

Emmert, T. A. (1990). *Serbian Golgotha: Kosovo, 1389*. New York: Columbia University Press.

Engel, G. L. (1961). Is grief a disease? A challenge for medical research. *Psychosomatic Medicine, 23* (1): 18.

Engel, G. L. (1962). *Psychological Development in Health and Disease*. Philadelphia/London: Saunders.

Erikson, E. H. (1956). The problem of ego identification. *Journal of the American Psychoanalytic Association, 4*: 56–121.

Fairbairn, W. R. D. (1944). Endopsychic structure considered in terms of object relationships. In: *Psychoanalytic Studies of the Personality* (pp. 82–136). London: Routledge & Kegan Paul, 1981.

Fairbairn, W. R. D. (1952). *Psychoanalytic Studies of the Personality*. London: Routledge & Kegan Paul, 1981.

Falzeder, E. (2002). *The Complete Correspondence of Sigmund Freud and Karl Abraham, 1907–1925*. London: Karnac.

Ferenczi. S. (1909). Introjection and transference. In: *First Contributions to*

Psychoanalysis. New York: Brunner-Mazel, 1980 (reprinted London: Karnac, 1994).

Ferro, A. (1992). *The Bi-Personal Field: Experiences in Child Analysis*. Hove: Brunner-Routledge, 1999.

Freud, S. (1895b). On the grounds for detaching a particular syndrome from neurasthenia under the description "anxiety neurosis". *S.E., 3*.

Freud, S. (1900a). *The Interpretation of Dreams. S.E., 4/5*.

Freud, S. (1905d). *Three Essays on the Theory of Sexuality, S.E., 7*.

Freud, S. (1905e [1901]). Fragment of an analysis of a case of hysteria. *S.E., 7*.

Freud, S. (1908e [1907]). Creative writers and day-dreaming. *S.E., 9*.

Freud, S. (1909d). Notes upon a case of obsessional neurosis. *S.E., 10*.

Freud, S. (1910c). *Leonardo da Vinci and a Memory of His Childhood. S.E., 11*.

Freud, S. (1910d). The future prospects of psycho-analytic therapy. *S.E., 11*.

Freud, S. (1910i). The psycho-analytic view of psychogenic disturbance of vision. *S.E., 11*.

Freud, S. (1911b). Formulations on the two principles of mental functioning. *S.E., 12*.

Freud, S. (1911c). Psycho-analytic notes on an autobiographical account of a case of paranoia (dementia paranoides). *S.E., 12*.

Freud, S. (1912–13). *Totem and Taboo, S.E., 13*.

Freud, S. (1914c). On narcissism: An introduction. *S.E., 14*.

Freud, S. (1914d). On the history of the psychoanalytic movement. *S.E., 14*.

Freud, S. (1915b), Thoughts for the times on war and death. *S.E., 14*.

Freud, S. (1915c). *Instincts and Their Vicissitudes. S.E., 14*.

Freud, S. (1915d). Repression. *S.E., 14*.

Freud, S. (1915e). The Unconscious. *S.E., 14*.

Freud, S. (1916a). On transience. *S.E., 14*.

Freud, S. (1916–17). *Introductory Lectures on Psycho-Analysis. S.E., 16*.

Freud, S. (1917d [1915]). A metapsychological supplement to the theory of dreams. *S.E., 14*.

Freud, S. (1917e [1915]). Mourning and melancholia, *S.E., 14*.

Freud, S. (1920g). *Beyond the Pleasure Principle. S.E., 18*.

Freud, S. (1921c). *Group Psychology and the Analysis of the Ego, S.E., 18*.

Freud, S. (1923b). *The Ego and the Id. S.E., 19*.

Freud, S. (1924c). The economic problem of masochism. *S.E., 19*.

Freud, S. (1925h). Negation. *S.E., 19*.

Freud, S. (1926d [1925]). *Inhibitions, Symptoms and Anxiety. S.E., 20*.

Freud, S. (1927c). *The Future of an Illusion. S.E., 23*.

Freud, S. (1927e). Fetishism. *S.E., 21*.

Freud, S. (1930a). *Civilization and Its Discontents. S.E., 21*.

Freud, S. (1933a). *New Introductory Lectures on Psycho-Analysis. S.E., 22*.

Freud, S. (1937d). Constructions in analysis. *S.E., 23*.

Freud, S. (1940a [1938]). *An Outline of Psycho-Analysis. S.E., 23*.

Freud, S. (1940e [1938]). Splitting of the ego in the process of defence. *S.E., 23*.

Freud, S. (1950a). *The Origins of Psycho-Analysis. S.E., 1*.

Freud, S. (1950 [1895]). A project for a scientific psychology. *S.E., 1*.

Gay. P. (1988). *Freud: A Life for Our Time.* New Haven, CT: Yale University Press.

Green, A. (1983a). The dead mother. In: *Private Madness* (pp. 178–206). Madison, CT: International Universities Press, 1987.

Green, A. (1983b). *Narcissisme de vie, narcissisme de mort.* [Narcissism of life, narcissism of death]. Paris: Éditions de Minuit.

Green, A. (2000). *Le temps éclaté* [Exploded time]. Paris: Éditions de Minuit.

Greenacre, P. (1969). The fetish and the transitional object. In: *Emotional Growth, Vol. 1* (pp. 315–334). New York: International Universities Press.

Grinberg, L. (1957). Perturbaciones en la interpretación por la contraidentificación proyectiva. *Revista de Psicoanálisis, 14*: 23–30.

Grotstein, J. S. (1981). *Splitting and Projective Identification.* New York: Jason Aronson.

Grotstein, J. S. (2000). *Who Is the Dreamer Who Dreams the Dream? A Study of Psychic Presences.* Hillsdale, NJ: Analytic Press.

Grotstein, J. S. (2005). Projective transidentification: An extension of the concept of projective identification. *International Journal of Psychoanalysis, 86* (4): 1051–1068.

Guignard, F. (1996). *Au vif de l'infantile. Réflexions sur la situation analytique.* Lausanne: Delachaux & Niestlé, Coll. "Champs psychanalytiques".

Guignard, F. (1997). Généalogie des pulsions. In: *Épître à l'objet* (pp. 26–32). Paris: Presses Universitaires de France, Coll. Épîtres.

Guignard, F. (2001). Le couple mentalisation↔démentalisation, un concept métapsychologique de troisième type. *Revue Française de Psychosomatique, 20*: 115–135.

Heimann, P. (1950). On counter-transference. *International Journal of Psychoanalysis, 31*: 81–84.

Jacobson, E. (1971). *Depression.* New York: International Universities Press.

Jones, E. (1955). *The Life and Work of Sigmund Freud, Vol. 2.* New York: Basic Books.

Jones, E. (1957). *The Life and Work of Sigmund Freud, Vol. 3.* New York: Basic Books.

Joseph, B. (1985). Transference: The total situation. In: E. B. Spillius (Ed.), *Melanie Klein Today.* London: Routledge.

Joseph, B. (1989). Psychic equilibrium and psychic change: *Selected Papers of Betty Joseph,* ed. M. Feldman & E. B. Spillius. London: Routledge.

Junqueira Filho, L. C. U. (1986). Valor psicanalítico do equivalente mental visual. In: *Sismos e acomodações. A clínica psicanalítica como usina de idéias* (pp. 15–42). São Paulo: Rosari, 2003.

Kaës, R. (1988). Rupturas catastróficas y trabajo de la memoria. In: J. Puget & R. Kaës (Eds.), *Violence d'état et psychanalyse.* Paris: Dunod. (Spanish: *Violencia de Estado y Psicoanálisis.* Buenos Aires: Centro Editor de América Latina, 1991.)

Karo, J. (1557). Duelo. In: *Síntesis del Shuljan Aruj.* Buenos Aires: Editorial Sigal, 1956.

Kernberg, O. (2004). *Contemporary Controversies.* New Haven, CT: Yale University Press.

Kijak, M. (1981). "The Sense of Identity in the Extermination Camp Survivors and in Their Children." Paper presented at the Conference of the American Psychoanalytical Association.

Kijak, M. (1998). El sentimiento de identidad en los sobrevivientes de los campos de exterminio y en sus hijos. *Revista de Psicoanálisis, 60* (3).

Kijak, M., & Funtowicz, S. (1982). The syndrome of the survivor of extreme situations-definitions, difficulties, hypotheses. *International Review of Psycho-Analysis, 9*: 25–33.

Kijak, M., & Pelento, M. L. (1985). El duelo en determinadas situaciones de catástrofe social. *Revista de psicoanálisis, 42* (4, Part I).

King, P., & Steiner, R. (1991). *The Freud–Klein Controversies 1941–45*. London: Tavistock/Routledge.

Klein, M. (1921). The development of a child. In: *Love, Guilt and Reparation and Other Works 1921–1945: The Writings of Melanie Klein, Vol. 1* (pp. 1–53). London: Hogarth Press, 1975.

Klein, M. (1927). Criminal tendencies in normal children. In: *Love, Guilt and Reparation and Other Works 1921–1945: The Writings of Melanie Klein, Vol. 1* (pp. 170–185). London: Hogarth Press, 1975.

Klein, M. (1930). The importance of symbol formation in the development of the ego. *International Journal of Psychoanalysis, 11*: 24–39. Also in: *Love, Guilt and Reparation and Other Works 1921–1945: The Writings of Melanie Klein, Vol. 1* (pp. 219–232). London: Hogarth Press, 1975.

Klein, M. (1935). A contribution to the psychogenesis of manic-depressive states. In: *Love, Guilt and Reparation and Other Works 1921–1945: The Writings of Melanie Klein, Vol. 1* (pp. 262–289). Also in: *Contributions to Psychoanalysis, 1921–1945* (pp. 282–310). London: Hogarth Press, 1968.

Klein, M. (1940). Mourning and its relation to manic-depressive states. In: *Love, Guilt and Reparation and Other Works 1921–1945: The Writings of Melanie Klein, Vol. 1* (pp. 370–419). London: Hogarth Press, 1975. Also in: *Contributions to Psycho-Analysis, 1921–1945* (pp. 311–338). London: Hogarth Press, 1968.

Klein, M. (1946). Notes on some schizoid mechanisms. In: *Envy and Gratitude and Other Works: The Writings of Melanie Klein, Vol. 3*. London: Hogarth Press, 1975. Also in: M. Klein, P. Heimann, S. Isaacs, & J. Riviere, *Developments in Psychoanalysis* (pp. 292–320). London: Hogarth Press, 1952.

Klein, M. (1950). The psychogenesis of manic-depressive states. In: *Contributions to Psycho-Analysis*. London: Hogarth Press.

Klein, M. (1952a). The origins of transference. In: *Envy and Gratitude and Other Works: The Writings of Melanie Klein, Vol. 3* (pp. 48–56). London: Hogarth Press, 1975.

Klein, M. (1952b). Some theoretical conclusions regarding the emotional life of the infant. In: *Envy and Gratitude and Other Works, 1946–1963: The Writings of Melanie Klein, Vol. 3* (pp. 61–93). London: Hogarth Press, 1975.

Klein, M. (1955). On identification. In: *Envy and Gratitude and Other Works, 1946–1963: The Writings of Melanie Klein, Vol. 3* (pp. 141–175). London: Hogarth Press.

Klein, M. (1975). *Love, Guilt and Reparation and Other Works 1921–1945: The Writings of Melanie Klein, Vol. 1*. London: Hogarth Press.

Kleinpaul, R. (1898). *Die Lebendigen und die Toten in Volksglauben, Religion und Sage.* Leipzig.

Kristeva, J. (1994). *El tiempo sensible: Proust y la experiencia literaria.* Buenos Aires: Ed. Eudeba, 2005.

Krystal, H. (1976). *Massive Psychic Trauma.* New York: International Universities Press.

Laasonen-Balk, T., Viinamäki, H., Kuikka, J. T., Husso-Saastamoinen, M., Lehtonen, J., & Tiihonen, J. (2004). 123I-beta-CIT binding and recovery from depression: A six-month follow-up study. *European Archives of Psychiatry and Clinical Neurosciences, 254*: 152–155.

Lagache, D. (1956). Le deuil pathologique. *La Psychanalyse, 2*: 45.

Laplanche, J. (1980). *Problématique, I: L'angoisse.* Paris: Presses Universitaires de France.

Laplanche, J. (1992). *La révolution copernicienne inachevée.* Paris: Ed. Aubier.

Laplanche, J. (1990). Duelo y temporalidad. *Revista Trabajo del Psicoanálisis, 4* (10).

Lehmann, H. (1966). A conversation between Freud and Rilke. *Psychoanalytic Quarterly, 35*: 423–427.

Lehtonen, J. (2006). "Body Ego, Vital Affects and Depression: A Framework Studying the Biological Effects of Psychotherapy on Depression." Paper presented at conference, Psikoanaliz ve Sinirbilimleri [Psychoanalysis and Neurosciences], Istanbul (May 28–29).

Lehtonen, J., Kononen, M., Purhonen, M., Partanen, J., Saarikoski, S., & Launiala, K. (2002). The effects of feeding on the electroencephalogram in 3- and 6-month old infants. *Psychophysiology, 39*: 73–79.

Loewald, H. (1978). Primary process, secondary process and language. In: *Papers on Psychoanalysis* (pp. 178–206). New Haven, CT: Yale University Press, 1980.

Mahler, M. S. (1968). *On Human Symbiosis and the Vicissitudes of Individuation.* New York: International Universities Press.

Marucco, N. (1999). De la represión a la desmentida. In: *Cura analítica y transferencia.* Buenos Aires: Ed. Amorrortu.

Melgar, M. C. (1999). El muerto-vivo. Una pasión narcisista. In: *Volviendo a pensar con Willy y Madeleine Baranger. Nuevos desarrollos* (pp. 301–312). Buenos Aires: Grupo Editorial Lumen.

Melgar, M. C. (2005). Trauma y creatividad. Psicoanálisis y arte. *Revista de Psicoanálisis, 62* (3): 591–600.

Melgar, M. C., & López de Gomara, E. (2000). Carpaccio. Melancolía. Conflicto temporal. *Arte y locura* (chap. 7). Buenos Aires: Ed. Lumen.

Mello Franco Filho, O. (2000). Quando o analista é alvo da "magia" do paciente. Considerações sobre a comunicação inconsciente do estado mental do paciente ao analista. *Revista Brasileira de Psicanálise, 34* (4): 687–709.

Meltzer, D. (1984). *Dream-Life: Re-Examination of the Psycho-Analytical Theory and Techniques.* Strath Tay: Clunie Press.

Money-Kyrle R. E. (1956). Normal counter-transference and some of its deviations. *International Journal of Psychoanalysis, 37*: 360–366.

Niederland, E. G. (1968). Clinical observations of the survivor syndrome. *International Journal of Psychoanalysis, 49.*

Ochsner, J. K. (1997). A space of loss: The Vietnam Veterans Memorial. *Journal of Architectural Education, 10*: 156–171.

Ogden, T. (1982). *Projective Identification and Psychotherapeutic Technique.* New York: Jason Aronson

Ogden, T. (1983). The concept of internal object relations. *International Journal of Psychoanalysis, 64*: 181–198.

Ogden, T. (1994). *Subjects on Analysis.* London: Karnac.

Ogden, T. (1995). Analysing forms of aliveness and deadness of the transference–countertransference. *International Journal of Psychoanalysis, 76*: 695–709.

Ogden, T. (1997). *Reverie and Interpretation: Sensing Something Human.* Northvale, NJ: Jason Aronson; London: Karnac.

Ogden, T. (2001a). *Conversations at the Frontier of Dreaming.* Northvale, NJ: Jason Aronson; London: Karnac.

Ogden, T. (2001b). Reading Winnicott. *Psychoanalytic Quarterly, 70*: 299–323.

Pollock, G. (1975). Mourning and memorialization through music. In: *The Annual of Psychoanalysis, Vol. 3* (pp. 423–436). New York: International Universities Press. Also in: *Psychoanalytic Explorations in Music* (chap. 10). Madison, CT: International Universities Press, 1990.

Pollock, G. (1989). *The Mourning–Liberation Process, Vols. 1 & 2.* Madison, CT: International Universities Press.

Pontalis, J. B. (2003). *La traversée des ombres.* Paris: Éditions Gallimard.

Puget, J. (1988). Preface. In: J. Puget & R. Kaës (Eds.), *Violence d'état et psychanalyse.* Paris: Dunod. (Spanish: *Violencia de Estado y Psicoanálisis.* Buenos Aires: Centro Editor de América Latina, 1991.)

Quinodoz, J. M. (2004). *Reading Freud: A Chronological Exploration of Freud's Writings*, trans. D. Alcorn. London/New York: Routledge, 2005.

Racker, H. (1948). La neurosis de contratransferência. In: *Estudios sobre técnica analítica* (pp. 182–221). Buenos Aires: Paidós, 1977.

Rocha Barros, E. M. (2000). Affect and pictographic image: The constitution of meaning in mental life. *International Journal of Psychoanalysis, 81*: 1087–1099.

Roheim, E. (1945). Animism and dreams. *Psychoanalytic Review, 32*: 62.

Rosenfeld, H. (1987). *Impasse and Interpretation.* London: Tavistock

Rosolato, G. (1996). *Le porté du désir ou la psychanalyse même.* Paris: Presses Universitaires de France.

Saarinen, P. L., Lehtonen, J., Joensuu, M., Tolmunen, T., Ahola, P., Vanninen, R., Kuikka, J., & Tiihonen, J. (2005). An outcome of psychodynamic psychotherapy: A case study of the change in serotonin transporter binding and the activation of the dream screen. *American Journal of Psychotherapy, 59*: 61–73.

Sandler, J. (1976). Countertransference and role-responsiveness. *International Review of Psychoanalysis, 3*: 43–47.

Sandler, J. (Ed.) (1988). *Projection, Identification, Projective Identification.* London: Karnac.

Sandler, J. (1993). On communication from patient to analyst: Not everything is projective identification. *International Journal of Psychoanalysis, 74*: 1097–1107.

Sandler, J. (1998). A theory of internal object relations. In: *Internal Objects Revisited.* Madison, CT: International Universities Press.

Sandler, J., & Rosenblatt, B. (1962). The concept of the representational world. *Psychoanalytic Study of the Child, 17.*

Scruggs, J., & Swerdlow, J. L. (1985). *To Heal a Nation: The Vietnam Veterans Memorial.* New York: Harper & Row.

Segal, H. (1957). Notes on symbol formation. *International Journal of Psychoanalysis, 38*: 39. Also in: *The Work of Hanna Segal* (pp. 121–130). New York: Jason Aronson.

Smith, J. H. (1975). On the work of mourning. In: B. Schoenberg, I. Gerber, A. Wiener, A. H. Kutscher, D. Peretz, & A. C. Carr (Eds.), *Bereavement: Its Psychological Aspects* (pp. 18–25). New York: Columbia University Press.

Sodré, I. (2005). Notes on Freud's "Mourning and Melancholia". In: R. J. Perelberg, *Freud: A Modern Reader.* London: Whurr.

Steiner, J. (1993). *Psychic Retreats: Pathological Organizations in Psychotic, Neurotic and Borderline Patients.* London: Routledge.

Steiner, J. (1996). The aim of psychoanalysis in theory and in practice. *International Journal of Psychoanalysis, 77*: 1073–1083.

Stern, D. N., Sander, L. W., Nahum, J. P., et al. (1998). Non-interpretative mechanisms in psychoanalytic therapy: The "something more" than interpretation. *International Journal of Psychoanalysis, 79*: 903–921.

Strachey, J. (1934). The nature of the therapeutic action of psycho-analysis. *International Journal of Psychoanalysis, 15*: 127–159.

Strachey, J. (1953). Editor's comment. In: S. Freud, *Three Essays on the Theory of Sexuality* (1905d). *S.E., 7*: 3.

Strachey, J. (1957a). Editor's introduction. In: S. Freud, "Papers on Metapsychology" (1911–15). *S.E., 14*: 105–107.

Strachey, J. (1957b). Editor's note. In: S. Freud, "Instincts and Their Vicissitudes" (1915c). *S.E., 14*: 111.

Strachey, J. (1957c). Editor's note. In: S. Freud, "Mourning and Melancholia" (1917e [1915]). *S.E., 14*: 237.

Suárez, J. C. (1983). Reflexiones acerca de un sobreviviente de los campos de exterminio. *Revista de Psicoanálisis, 40.*

Tähkä, V. (1984). Dealing with object loss. *Scandinavian Psychoanalytic Review, 7*: 13–33.

Tausk, V. (1913). Compensation as a means of discounting the motive of repression. *International Journal of Psychoanalysis, 5* (1924): 130.

Viñar, M. (2005). Por qué pensar en los desaparecidos? Violencia dictatorial y memoria del terror. *Semanario Brecha.*

Volkan, K. (1992). The Vietnam Memorial. *Mind and Human Interaction, 3*: 73–77.

Volkan, V. D. (1972). The "linking objects" of pathological mourners. *Archives of General Psychiatry, 27*: 215–221.

Volkan, V. D. (1977). Mourning and adaptation after a war. *American Journal of Psychotherapy, 31*: 561–569.

Volkan, V. D. (1981). *Linking Objects and Linking Phenomena: A Study of the Forms, Symptoms, Metapsychology and Therapy of Complicated Mourning.* New York: International Universities Press.

Volkan, V. D. (1985). Complicated mourning. In: *Annual of Chicago Institute of Psychoanalysis* (pp. 323–348). Chicago, IL: University of Chicago Press.

Volkan, V. D. (1991). On "Chosen Trauma." *Mind and Human Interaction, 3*: 13.

Volkan, V. D. (1997). *Bloodlines: From Ethnic Pride to Ethnic Terrorism.* New York: Farrar, Straus & Giroux.

Volkan, V. D. (2004). After the violence: The internal world and linking objects of a refugee family. In: B. Sklarew, S. W. Twemlow, & S. M. Wilkinson (Eds.), *Analysts in the Trenches* (pp. 77–102). Hillside, NJ: Analytic Press.

Volkan, V. D. (2006). *Killing in the Name of Identity: Stories of Bloody Conflicts.* Charlottesville, VA: Pitchstone.

Volkan, V. D., & Ast, G. (1997). *Siblings in the Unconscious and Psychopathology.* Madison, CT: International Universities Press.

Volkan, V. D., Ast, G., & Greer, W. (2001). *The Third Reich in the Unconscious: Transgenerational Transmission and its Consequences.* New York: Brunner-Routledge.

Volkan, V. D., Cilluffo, A. F., & Sarvay, T. L. (1975). Re-grief therapy and the function of the linking object as a key to stimulate emotionality. In: P. Olsen (Ed.), *Emotional Flooding* (pp. 179–224). New York: Behavioral Publications.

Volkan, V. D., & Josephthal, D. (1980). The treatment of established psychological mourners. In: R. V. Frankiel (Ed.), *Essential Papers on Object Loss* (pp. 299–324). New York: University Press.

Volkan, V. D., & Zintl, E. (1993). *Life after Loss: Lessons of Grief.* New York: Charles Scribner's Sons.

Winnicott, D. W. (1945). Primitive emotional development. In: *Through Paediatrics to Psychoanalysis* (pp. 145–56). London: Hogarth Press, 1958.

Winnicott, D. W. (1953). Transitional objects and transitional phenomena. *International Journal of Psycho-Analysis, 3*: 89–97.

Winnicott, D. W. (1971). The place where we live. In: *Playing and Reality* (pp. 104–110). London: Routledge.

Wolfenstein, M. (1966). How mourning is possible. *Psychoanalytic Study of the*

Child, 21: 93–123.

Wolfenstein, M. (1969). Loss, rage and repetition. *Psychoanalytic Study of the Child, 24*: 432–460.

Young, J. E. (1993). *The Texture of Memory: Memorials and Meaning.* New Haven, CT: Yale University Press.

Zuckerman, R., & Volkan, V. D. (1989). Complicated mourning over a body defect: The making of a "living linking object". In: D. Dietrich & P. Shabad (Eds.), *The Problem of Loss and Mourning: New Psychoanalytic Perspective.* New York: International Universities Press.

专业名词英中文对照表

北交通史文献集

alpha-elements	α-元素
analytic field	分析性场域
anticathexes	反投注
beta-elements	β-元素
beta-screen	β-屏幕
borderline configurations	边缘性结构
bound	边界
circular insanity	环性精神病
chronic enactment	慢性活现
contain	涵容
dead-alive	死-活
death instinct	死亡本能
de-cathecting	去-投注
de-identification	去-认同
depression	抑郁
depressive position	抑郁位相
dream-solution	梦式解决方案
dream-work-alpha function	梦-工作-α 功能
ego	自我
ego ideal	自我理想
enactment	活现
entitlement ideologies	权利意识形态
erotic cathexis	情欲性投注
external object	外部客体
femininity	女性气质
foreign body	异体
hyper-cathecting	过度投注
implicit	内隐
infantile sexuality	婴儿性欲
internal objects	内在客体
intersubjective	主体间的

intersubjectivity	主体间性
introject	内射
latency	潜伏期
libido	力比多
linking objects	链接性客体
masculinity	男性气质
melancholia	忧郁
mental development	精神发展
mourning	哀伤
mutative interpretation	变异性解释
non-dream	不敢梦之梦
non-dream-for-two	两人都不敢梦之梦
not-her	非-她
not-knowing	未知
object-cathexis	客体投注
object loss	客体丧失
object relation theories	客体关系理论
object representation	客体表征
object-tie	客体-联结
Oedipus complex	俄狄浦斯情结
perennial mourner	长期哀伤者
projective counteridentification	投射性反认同
psychical development	心理发展
re-introject	再内射
repressed	被潜抑的
self-love	自我之爱
self-regarding	自我关涉
self-representations	自体表征
specular identification	镜像认同
somatic matrix	躯体矩阵
structuring internalization	结构性内化

superego	超我
thanatic	自我毁灭性的
thanatic identification	死亡认同
thanatos	自我毁灭的本能
topographic	地形学的
transference love	移情之爱
transference neurosis	移情神经症
trans-subjective	跨-主体的
unconscious	潜意识
un-mourning	不-哀伤
working through	修通